— Angst bei Hunden

mit Martin Rütter

Umgang mit
ängstlichen und
traumatisierten
Hunden

KOSMOS

— Angst bei Hunden

mit Martin Rütter

Inhalt

132 Aus der Praxis: Häufige Ängste

Entstehung von Angst und Trauma

Die Zeiten, in denen Tieren jegliches Gefühlsleben abgesprochen wurde, sind zum Glück vorbei. Auch Tiere können Emotionen wie Freude und Leid erleben.

Hunde bieten mit ihrer ausgeprägten Mimik besondere Möglichkeiten, tief in ihre „Seele“ zu blicken und zu erkennen, was gerade in ihrem Kopf vor sich geht. Es gehören nicht nur Freudenausbrüche und glückliche Momente zum Leben eines Hundes. Auch Aggressionen und Ängste spielen eine bedeutende und berechtigte Rolle. Wer unbekannten Situationen erst einmal ein wenig ängstlich bzw. vorsichtig entgegentritt, erhöht seine Chancen, gesund und unversehrt zu bleiben und letztendlich zu überleben. So macht ein Hund, der zum ersten Mal einen Igel am Wegesrand sieht und sich direkt mit einem Satz auf ihn stürzt, unmittelbar schmerzhafte Erfahrungen. Eine vorsichtige Annäherung wäre in diesem Fall sicher die bessere Alternative gewesen.

Ein gewisses Maß an Angst ist also durchaus wichtig und von der Natur sinnvoll eingerichtet – als Selbstschutz quasi. Aus großer Höhe in unbekannte Tiefe springen kann z. B. schnell das Leben kosten. Zum Problem wird Angst erst, wenn sie übertrieben ist und damit keine für das Lebewesen wichtige Funktion mehr erfüllt. Denn dann beeinträchtigt sie das „normale Leben“ und bereitet mehr Sorgen als Nutzen.

Angst, ein unangenehmes Gefühl

Angst beschreibt in erster Linie ein Gefühl, das als unangenehm empfunden wird. Es tritt immer dann auf, wenn man sich in einer Situation befindet, in der man lieber nicht sein möchte, jedoch keine Möglichkeit hat, sich zu entziehen. Angst entsteht zum einen, wenn ein Reiz oder eine Situation entweder als gefährlich eingestuft wird oder wenn man eine Situation gar nicht erst einschätzen und damit bewerten kann. Zum anderen entsteht Angst, wenn man mit einer Situation überfordert ist, mit ihr nicht umgehen kann (vgl. Feddersen-Petersen 2004, S. 85). Menschen, die mit einem Messer bedroht werden, stufen diese Situation ganz klar als gefährlich ein und bekommen deshalb „berechtigte“ Angst. Andere haben große Angst davor, vor einem Publikum zu referieren. Wirklich gefährlich ist dies im Grunde nicht, besagter Mensch stuft dies jedoch als angsteinflößend ein, weil ihm entsprechende Handlungsalternativen fehlen, um mit solch einer Situation adäquat und souverän umzugehen. Bei Hunden ist das nicht anders: Während sich der eine vor einem Mann fürchtet, der laut schreiend mit einem Stock in der Hand auf den Vierbeiner zuläuft – was objektiv als gefährliche Situation eingestuft werden kann –, möchte ein anderer nach dem Anblick eines Heißluftballons am Himmel am liebsten schon Reißaus nehmen. Hier ist die Gefahr nicht offensichtlich, die Angst scheint auf den ersten Blick also unbegründet zu sein.

Problem mit vielen Facetten

Angst ist ein sehr subjektives Phänomen. Während es für den einen Hund überhaupt kein Problem darstellt, über eine schmale Holzbrücke zu laufen, geht ein anderer erst gar nicht in die Nähe einer solchen Konstruktion. Der eine Vierbeiner schenkt dem Heißluftballon am Himmel keinerlei Beachtung, für einen anderen geht die Welt unter, selbst wenn sich der Ballon noch in großer Entfernung befindet. Für jemanden, der keine Angst hat, erscheinen solche subjektiven Angstauslöser oft lächerlich, schließlich handelt es sich doch nur um eine Holzbrücke, einen Heißluftballon, um ein Referat, das gehalten werden soll etc. Dem ängstlichen Hund bzw. Menschen ist allerdings nicht zum Lachen zumute.

Mit dem Gefühl der Angst gehen auch körperliche Symptome wie z. B. Zittern, schnelle Atmung oder gesteigerte Speichelbildung einher. Auch hier unterscheiden sich Mensch und Hund wenig voneinander. Die feuchten Hände vor dem Referat sind mit den Pfotenabdrücken auf dem Tierarzttisch zu vergleichen – der pure Angstschweiß.

Definition Angst

Angst ist ein Begriff, der oft umgangssprachlich gebraucht wird. Genau genommen müsste man in den meisten Fällen von Furcht sprechen, denn Furcht bezeichnet eine spezifische Angst vor einem bestimmten Objekt oder Subjekt. Der Hund fürchtet sich also z. B. vor der Holzbrücke oder vor dem schreienden Mann. Von Angst spricht man dagegen bei diffuseren Situationen, die nicht genau eingeordnet werden können. Sie stellen eine unbestimmte Bedrohung dar, sind in gewisser Weise undurchschaubar wie z. B. die Angst vor Erdbeben oder Gewitter. Gerade weil der Begriff „Angst" im Alltag oft synonym für „Furcht" verwendet wird, schließen wir uns dieser umgangssprachlichen Formulierung im Folgenden an.

Mischlingshündin Leni nähert sich vorsichtig Martin. Dieser wendet den Blick ab, um Leni nicht noch weiter zu verunsichern. Mit langem Hals schnuppert Leni an Martins Hand.

Phobien – wenn Ängste krankhaft werden

Als Phobie bezeichnet man eine Angst, die krankhaft und irrational ist. Kann man Ängste noch als durchaus funktional bezeichnen, da Angst wie bereits beschrieben auch eine Schutzfunktion haben kann, lässt sich bei einer Phobie ein Sinn, eine biologische Funktionalität, nicht entdecken. Denn eine abnorme, krankhafte und unkontrollierbare Furcht schützt nicht vor Gefahren, sondern macht das Leben schwieriger. Bei einer Phobie nimmt ein Lebewesen sogar Nachteile in Kauf. Ein Mensch mit einer Spinnenphobie würde also beispielsweise den ganzen Tag die Küche, in der er eine Spinne entdeckt hat, nicht mehr betreten, bis der Partner nach Hause kommt und die Spinne entfernt. Menschen besitzen bei einer Phobie Einsicht in die Irrationalität. Der Spinnenphobiker weiß also, dass seine Angst vor Spinnen eigentlich unbegründet ist, da Spinnen zumindest hierzulande keine Gefahr bedeuten. Diese Einsicht ist bei Hunden natürlich nur schwer nachweisbar. Dennoch können Hunde vermutlich genauso wie Menschen an Phobien leiden. Denn als was sollte man sonst z. B. die Angst eines Hundes vor Wolken bezeichnen, die den Hund so stark einschränkt, dass er sich bei bewölktem Himmel nicht mehr vor die Tür traut?

Erlernte Hilflosigkeit

Dauert Angst über einen längeren Zeitraum an oder tritt sie immer wieder auf, kann dies zu weiteren Gefühlen wie Resignation und Hilflosigkeit führen. Man nennt diesen Zustand auch „erlernte Hilflosigkeit". „Erlernte Hilflosigkeit bezeichnet das Phänomen, dass Menschen und Tiere infolge von Erfahrungen der Hilf- oder Machtlosigkeit ihr Verhaltensrepertoire dahingehend einengen, dass sie als unangenehm erlebte Zustände nicht mehr abstellen, obwohl sie es (von außen betrachtet) könnten" (Specht 2015, S. 30). Aufgestellt wurde diese Definition nach Versuchen mit Ratten. Eine Hälfte eines zweigeteilten Käfigs, in dem sich Ratten befanden, wurde unter Strom gesetzt. Die Ratten lernten schnell, in die andere Hälfte des Käfigs zu flüchten. In der nächsten Versuchsreihe wurde die Flucht der Ratten verhindert, die Ratten hatten über einen längeren Zeitraum keine Möglichkeit, den Stromschlägen auszuweichen. Dies führte dazu, dass die Ratten sich ihrem Schicksal ergaben und die Stromschläge ohne Reaktion über sich ergehen ließen. Glücklicherweise ist der Einsatz von Stromimpulsgeräten zur Hundeausbildung mittlerweile in Deutschland verboten. Denn nicht selten wurden Hunde z. B. für Jagdverhalten mithilfe von Stromschlägen korrigiert, ohne dass jedoch Alternativen oder ein Rückrufsignal, geschweige denn eine vertrauensvolle Beziehung zum Menschen mit Orientierung an diesem zuvor aufgebaut worden war. Diese Hunde hatten also keine Idee, was von ihnen erwartet wurde bzw. welches Verhalten unerwünscht war und daher korrigiert wurde. Da sich das Gerät am Hals des Hundes befand, konnte dieser weder durch Flucht noch durch einen Angriff der Korrektur entgehen. Nach mehreren

Korrekturen bleiben solche Hunde dann zwar beim Menschen, zeigen jedoch deutliche Anzeichen erlernter Hilflosigkeit. Sie laufen neben dem Menschen her ohne jegliches Interesse an ihrer Umwelt, jegliche Lebensfreude und Interaktion fehlt. Allein schon aus diesem Grund ist das Training mit Starkzwangmethoden abzulehnen!

Erlernte Hilflosigkeit findet man bei Hunden heutzutage auch in ganz anderen Bereichen. Gut gemeinte Rettungsaktionen enden für Hunde aus dem Ausland häufig damit, dass sie bewegungslos in ihrer Box liegen und sämtliche Transportmaßnahmen nur noch über sich ergehen lassen.

Aus der Praxis

Mischlingsrüde Gustav wurde von der Straße gerettet und befindet sich nun in einer Transportbox in einem Auto. Da er weder an das Autofahren noch an eine Transportbox gewöhnt wurde, löst diese Situation Angst bei ihm aus. Da der Wagen durch sehr unebenes Gelände fährt, wird Gustav mal an die eine Wand der Box gedrückt, mal an die andere. Zudem ruckelt es so stark, dass es ihm schwerfällt, sein Gleichgewicht zu halten.

Kann Gustav nun aber Möglichkeiten finden, mit der angstauslösenden Situation umzugehen, kann die Angst abnehmen, bis sie überhaupt nicht mehr vorhanden ist. Er kann beispielsweise bellen, um so auf sich aufmerksam zu machen, bis der Fahrer des Wagens anhält. Damit hat Gustav eine Verhaltensweise gefunden, sich Erleichterung in dieser Situation zu verschaffen – der Wagen steht, und das Ruckeln und Wackeln hört auf. Er kann aber auch so lange an der Tür der Box kratzen, bis sie sich öffnet und er aus dieser springen kann. Auch das ist eine Möglichkeit, sich aus der Situation zu befreien. Bestehen diese Möglichkeiten jedoch nicht, erlebt Gustav eine Hilflosigkeit, er hat keine Möglichkeit, die Situation mit eigenen Mitteln zu verändern bzw. zu bewältigen. Probiert er nun also verschiedene Dinge aus, um mit seiner Situation umzugehen, indem er bellt, fiept und kratzt, nichts davon führt jedoch zum Erfolg, weiß er irgendwann einfach nicht mehr weiter.

Auch wenn ein Hund ruhig in der Box im Auto liegt, heißt das nicht, dass er sich darin wohlfühlt. Die weit aufgerissenen Augen und das starke Hecheln zeigen deutlich die Angst des Hundes.

Traumata – wenn die Psyche leidet

Ein weiterer Begriff, der oft im Kontext mit Angst fällt, ist die Bezeichnung „Trauma“. Das Wort Trauma kommt aus dem Griechischen und bedeutet „Wunde“ oder „Verletzung“. Beim medizinischen Trauma erfolgt eine Verwundung bzw. Verletzung eines Organismus durch eine Gewalteinwirkung von außen. Der Begriff bezeichnet nicht nur die Verletzung selbst, sondern auch die indirekten Auswirkungen der Verletzung auf den Organismus wie z. B. starken Blutverlust. Neben dem medizinischen Trauma gibt es aber auch das psychologische Trauma, auf das in diesem Buch Bezug genommen wird. Ein psychologisches Trauma bezeichnet entsprechend eine seelische Verletzung, die durch ein traumatisierendes Erlebnis hervorgerufen wurde. Dabei kann es sich z. B. um eine Naturkatastrophe, Krieg, Folter oder auch Vergewaltigung handeln. Ein Trauma entsteht also aus einer Situation mit extremer psychischer Belastung, für die der Betroffene – Hund wie Mensch – keine adäquate Bewältigungsstrategie kennt. Dabei können auch weniger dramatische Ereignisse wie persönliche Angriffe, andauerndes Mobbing oder Trennungen, zu einem psychischen Trauma führen, und zwar immer dann, wenn das Gefühl absoluter Hilflosigkeit entsteht. Bei Hunden kann ein Trauma z. B. durch plötzliches Erschrecken, Unfälle, physische und psychische Misshandlungen, wozu auch erzwungene Sexualität gehört, dauerhaften Entzug sozialer Zuwendung und zu guter Letzt auch durch unsachgemäßen Einsatz von Trainingsmitteln wie z. B. Disc-Scheiben oder Wurfketten erfolgen.

Anonyme Korrekturen

Immer wieder liest man in Erziehungsratgebern für Hunde, dass diese bei unerwünschtem Verhalten, wenn der Hund z. B. Essen vom Tisch klaut, durch eine anonyme Korrektur bestraft werden sollen. Der Hund wird dabei in Versuchung geführt, indem ein Leckerbissen auf dem Tisch drapiert wird. Direkt daneben befinden sich mit Steinen gefüllte Rappeldosen oder zu einem wackeligen Turm aufgebaute Plastikschüsseln. Der Mensch verlässt nun den Raum oder das Haus. Versucht der Hund jetzt den Leckerbissen vom Tisch zu schnappen, fallen die Dosen oder Schüsseln mit lautem Geklapper herunter. Der Hund soll durch diesen Schreck so beeindruckt sein, dass er den Leckerbissen liegen lässt und auch künftig keine Lebensmittel mehr klaut. So weit die Theorie ...

Die Praxis sieht jedoch meist ganz anders aus. Selbstbewusste und auf Reize bzw. Geräusche gut sozialisierte Hunde werden lediglich kurz zur Seite springen. Sie warten ab, bis der Lärm sich gelegt hat. Nun ist der Weg frei, weitere Objekte befinden sich ja nicht neben dem begehrten Leckerbissen, der jetzt problemlos verzehrt werden kann. In diesem Fall hat die anonyme Korrektur keine Auswirkung, der Hund lernt nicht, dass er Lebensmittel nicht klauen soll, er wird aber auch nicht traumatisiert. Hat man nun aber einen weniger selbstsicheren, reizempfänglichen bzw. schlecht an visuelle/akustische Reize gewöhnten Hund, wird dieser vermutlich stark erschrecken, wenn die Dosen oder

Ein Leberwurstbrötchen in einem Turm aus Schüsseln soll den Hund in Versuchung führen, vom Tisch zu klauen.

Der Bracco Italiano-Rüde Enno lässt sich nicht lange bitten. Sobald er allein ist, klettert er auf den Stuhl.

Schüsseln herunterfallen. Tatsächlich kann dies dazu führen, dass ein solcher Hund nie wieder versucht, Lebensmittel vom Tisch oder der Küchenanrichte zu klauen. Eigentlich doch prima, könnte man meinen. Die Gefahr besteht jedoch darin, dass der Hund so stark erschrickt, dass dies eine Traumatisierung auslöst. Denn der Hund hatte in diesem Augenblick nicht mit einem so massiven Reiz gerechnet, er wird scheinbar „aus dem Nichts heraus" angegriffen. Dies kann dazu führen, dass er sich im eigenen Zuhause, das eigentlich Sicherheit bieten und Geborgenheit vermitteln soll, nicht mehr sicher fühlt. Die Möglichkeit, dass hieraus ein Trauma entsteht, ist groß.

Aus dieser Unsicherheit heraus kann sich eine generelle Angst vor dem Alleinbleiben entwickeln, da die unangenehme Erfahrung in dem Moment gemacht wurde, in dem sonst niemand zu Hause war. Vielleicht wird der Hund aber auch allgemein sehr schreckhaft. Für einen sehr umweltunsicheren Hund, der nur in seinem Zuhause entspannen kann, weil er sich dort sicher fühlt, wäre eine Verunsicherung nach eben beschriebenem Beispiel fatal. Er merkt, dass selbst in diesem letzten sicher geglaubten Fleckchen Erde Gefahren lauern. Dementsprechend muss er künftig auch hier auf der Hut sein, denn er weiß nicht, wann er wieder mit so unangenehmen Ereignissen zu rechnen hat. Die notwendigen Entspannungsphasen können nicht mehr stattfinden, der Hund leidet somit extrem.

Direkte Korrektur durch den Menschen

Viel sinnvoller ist daher bei dieser Problematik eine direkte Korrektur seitens des Menschen. Du legst dazu z. B. ein Brötchen auf den Tisch und wendest dich leicht ab. Versucht dein Hund nun, sich das Brötchen zu schnappen, drehst du dich um, fixierst deinen Hund und korrigierst ihn z. B. mit einem Schnauzgriff. Dabei fügst du ein deutliches „Nein" oder „Lass es" hinzu. Du benutzt zur Korrektur damit Signale, die dein Hund auch aus seiner Kommunikation mit Artgenossen kennt. Besitzt ein Hund einen Knochen, wird er diesen

Enno lässt sich durch die herunterfallenden Schüsseln kaum beeindrucken und wird wieder nach Essen suchen.

gegenüber einem anderen Hund durch Fixieren, lautes, tiefes Knurren und gegebenenfalls durch eine körperliche Korrektur verteidigen. Dein Hund weiß bei dieser Trainingsvariante aber genau, woher die Korrektur kam und vor allem wofür die Korrektur war. Er lernt, dass du es offensichtlich genauso wenig wie ein anderer Hund magst, wenn man dir dein Essen klaut. Und genauso wie unter Hunden üblich, kann der Anspruch auf eine Beute von dir auch aus einiger Distanz erhoben werden. Nur weil du vielleicht ein paar Schritte weggegangen bist, gibst du deinen Besitzanspruch auf das Essen nicht sofort auf. Lässt ein Hund jedoch Beute liegen und entfernt sich vollständig, gibt er sie damit automatisch für andere frei, er erhebt nicht weiter Anspruch darauf. Daher kann ein Hund nicht nachvollziehen, warum er Essen, das einfach so herumliegt, während du das Haus verlassen hast, nicht aufnehmen darf. Dass ein Hund keine Lebensmittel klaut, während sein Mensch anwesend ist, kann man ihm also problemlos beibringen. Tendiert dein Hund aber dazu, Nahrung „zu klauen", wenn du nicht Zuhause bist, gibt es eigentlich nur eine Möglichkeit: Du musst viel ordentlicher werden und deine Nahrungsmittel, sowie alles, was dein Hund als essbar ansieht, sicher aufbewahren und wegräumen, bevor du das Haus verlässt.

Arjuna ist am Frühstücksbrötchen interessiert und überlegt, ob sie wohl einen Happen ergattern kann.

Ein fixierender Blick von Nicole genügt, um Arjuna zu korrigieren. Beschwichtigend wendet sie sich vom Brötchen ab.

Folgen eines Traumas

Unmittelbare Folge eines Traumas ist ein Nervenzusammenbruch, der, etwas fachlicher ausgedrückt, auch akute Belastungsreaktion genannt wird. Menschen wirken hierbei wie betäubt und führen Handlungen durch, die unangebracht oder vollkommen sinnlos erscheinen. Begleitet werden diese Reaktionen von allgemeinen Stresssymptomen wie z. B. Schwitzen, Zittern oder Herzrasen. Hunde neigen in diesen Momenten zu ähnlichen, scheinbar sinnlosen Handlungen. Sie führen Übersprunghandlungen aus, wie z. B. Sich-Kratzen, Ziellos-auf-dem-Boden-Schnuppern oder Gähnen. In Bezug auf körperliche Symptome sind dabei vor allem Zittern sowie Hecheln auffällig. Die darauf folgende Phase ist der Verarbeitung gewidmet, in der die Beschwerden abnehmen. Eine akute Belastungsreaktion dauert in der Regel nur wenige Stunden bis Tage, selten auch länger, es bedarf in der Regel keiner therapeutischen Behandlung.

Beim Ausflug in den Park kann der drei Monate alte Dobermann Bentley viele Reize in Ruhe kennenlernen.

Halten die Symptome jedoch länger als vier Wochen an, spricht man von einer posttraumatischen Belastungsstörung (PTBS), bei der es sich beim Menschen um eine therapiebedürftige Erkrankung handelt. Der Betroffene erinnert sich bei einer posttraumatischen Belastungsstörung immer wieder an das Ereignis, er erlebt es wiederholt. Außerdem werden Situationen vermieden, die dem belastenden Ereignis ähneln. Es werden Symptome allgemeiner psychischer Belastung gezeigt, wie z. B. Schlafstörungen, erhöhte Schreckhaftigkeit, Konzentrationsschwierigkeiten oder starke Reizbarkeit. Ob ein Hund sich immer wieder an das Ereignis erinnert, wird man nur schwer feststellen können. Die übrigen Symptome lassen sich auch beim Hund feststellen. Hunde zeigen nach einem traumatischen Ereignis die Vermeidung ähnlicher Situationen sowie Symptome wie Schreckhaftigkeit oder Reizbarkeit. Auch das Unvermögen, sich längere Zeit zu konzentrieren, kann beim Training eines Hundes auffallen.

Entscheidend ist die Persönlichkeitsstruktur

Ob eine Situation für einen Hund traumatisierend wirkt, hängt von verschiedenen Kriterien ab. Die Struktur der Persönlichkeit ist dabei entscheidend für die Erlebnisverarbeitung und nicht etwa die Situation, in der es zu dem Trauma kommt. Das bedeutet, dass man keine Wertigkeit von Traumaauslösern erstellen kann. So kann ein herunterfallender Kochtopfdeckel stärker traumatisieren als ein Angriff eines anderen Hundes – je nach Persönlichkeitsstruktur des Traumatisierten. Genauso gut kann ein Scheinangriff eines anderen Hundes sehr stark traumatisierend sein, obwohl es zu keinem Kratzer kam, sich die Hunde eventuell nicht einmal berührt haben. Die Heftigkeit des Erlebnisses entspricht keinesfalls objektiven Kriterien.

Was der eine Hund ohne Probleme wegsteckt, kann bei einem anderen starke Angstzustände auslösen.

In einer guten Welpengruppe lernen die Welpen durch das gemeinsame Spiel viele verschiedene Rassen und Mischlinge sowie deren Verhaltensweisen kennen.

Hierbei spielen verschiedene Faktoren eine Rolle. Ein Hund, der sowieso schon skeptisch oder ängstlich ist, wird leichter bzw. schneller traumatisiert werden als ein Hund mit einem sehr souveränen Naturell. Aber auch das Alter muss berücksichtigt werden. So sind junge Lebewesen in der Regel schneller zu traumatisieren als Lebewesen im mittleren Lebensalter. Dabei ist vermutlich die vorhandene Erfahrung entscheidend. Wer bereits viele Erfahrungen gemacht und als nicht lebensbedrohlich abgespeichert hat, ist nicht so schnell zu traumatisieren. Beim Menschen hat man festgestellt, dass im Alter die Gefahr einer Traumatisierung wieder zunimmt. Das scheint auch nachvollziehbar, sind doch die Möglichkeiten, Situationen physisch oder psychisch zu bewältigen, im Alter geringer. Auch alte Hunde zeigen häufig Ängste, die nicht erklärbar sind. Doch noch ein weiteres Problem kann gerade bei Hunden im jungen Alter zu einer schnelleren Traumatisierung führen – ein Zuwenig an Reizen.

Verarbeitungsproblem von Reizen

Leider gibt es immer noch viele Hunde, die in ihren ersten Lebenswochen nur eine sehr begrenzte Umwelt erleben, da sie im Stall aufwachsen und so nicht mit alltäglichen Reizen konfrontiert werden, denen sie in ihrem späteren Leben ausgesetzt sind. Diese Reize können dann Angst auslösen, wenn der jetzt erwachsene Hund auf einmal mit ihnen konfrontiert wird. Es ist deutlich schwieriger und zum Teil sogar unmöglich, erwachsene Hunde mit allem vertraut zu machen, was sie bisher nicht kennengelernt haben. Dieses Zuwenig an Information in der wichtigen Welpenzeit kann also dazu führen, dass das ganz normale Lebensumfeld traumatisierend auf diese Hunde wirkt. Schon allein deshalb kann man gar nicht oft genug darauf hinweisen, wie wichtig die Auswahl eines seriösen Züchters und die Auswahl einer guten Welpengruppe sind.

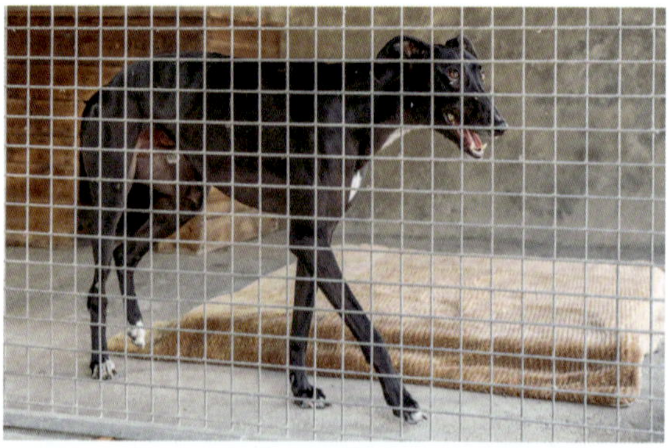

Wird ein Hund ausschließlich im Zwinger gehalten, führt diese Isolation oft zu Stress.

Obwohl Greyhound Carl in seinem Leben nicht viel kennengelernt hat, geht er offen auf Menschen zu.

Hunde, die ausschließlich im Zwinger gehalten werden, leiden auch unter einem Reizmangel, vor allem auf sozialer Ebene, der genauso traumatisierend sein kann. Selbst wenn ein Welpe daher in idealem Umfeld beim Züchter aufgewachsen ist, spielt also das weitere Erleben eine große Rolle. Verbringt der Hund den Rest seines Lebens im Zwinger, ohne die Möglichkeit, Reize zu erleben oder aber mit Artgenossen bzw. Menschen kommunizieren zu können, führt dieses Zuwenig an Reizen ebenfalls dazu, dass dieser Hund bereits von einem eigentlich alltäglichen Reiz schnell überfordert ist.

Das Problem liegt darin, dass diese Hunde nicht in der Lage sind, von einem Reiz auf andere zu generalisieren. Jeder Reiz muss neu erlernt und als positiv oder negativ abgespeichert werden! Ein schlecht sozialisierter Hund kann also lernen, dass er vor dem Nachbarn mit Gehhilfe, dem er immer im Treppenhaus begegnet, keine Angst haben muss. Trifft er aber unten auf der Straße einen anderen Mann mit Gehhilfe, muss er erneut lernen, dass auch diese Person keine Gefahr für ihn darstellt. Es gelingt diesen Hunden oft nicht, von der einen auf die andere Situation zu schließen. Somit löst jede neue Situation ein Problem aus, da sich diese Hunde nicht oder nur schlecht anpassen können. Sie gelten oft als sehr scheu, sind aber im Grunde genommen traumatisiert.

Unterschiedliche Traumata

Es wird deutlich, dass es verschiedene Arten von Traumata gibt. Eine Rolle spielt dabei auch die Länge der traumatisierenden Situation bzw. eine Wiederholung. Eine Traumatisierung, die durch ein kurzes, einmaliges Erlebnis verursacht wurde, wird dabei als Typ-I-Trauma bezeichnet. Typ-II-Traumata werden dagegen durch länger andauernde bzw. häufig sich wiederholende Ereignisse ausgelöst, wie es z. B. im Krieg oder bei Missbrauch der Fall ist.

Auswirkungen auf die Gesundheit

Die Auswirkungen eines einmaligen traumatischen Erlebnisses können mit der Zeit schwächer werden; Dauertraumata führen dagegen zu einer chronischen Beeinträchtigung, die sich unter anderem in selbstschädigendem Verhalten zeigen kann (vgl. Nathan 2000, S. 30).

Relativ häufig lecken sich Hunde die Pfoten oder andere Körperstellen wund, zupfen sich Fellbüschel aus, beknabbern sich bis hin zu blutigen Wunden oder rupfen sich Krallen und Pfotenballen komplett heraus. Oft genug kann der Tierarzt keine Ursachen wie Milben, Hautallergien, Futterunverträglichkeiten oder Ähnliches, das zu diesem Verhalten führt, finden. Es besteht weiterhin die

Annahme, dass traumatischer Stress zu körperlichen Krankheiten führen kann. Es werden vor allem Herzinfarkt, Infektionskrankheiten, chronische Darmentzündungen oder andere Schmerzsyndrome genannt (vgl. Nathan 2000, S. 30), da der Hund auch außerhalb der Traumasituation leidet.

Soziale Unterstützung

Bei der Behandlung von Traumata beim Menschen weiß man, dass eine stabile Bezugsperson eine wichtige und bedeutende Hilfe für den traumatisierten Menschen ist. Die Unterstützung durch das soziale Umfeld kann einen positiven Einfluss auf die Behandlung einer posttraumatischen Belastungsstörung haben. Auch wenn ein Hund nicht über seine traumatischen Erlebnisse sprechen kann, ist eine vertrauensvolle Mensch-Hund-Beziehung, in der der Hund sich sicher fühlen kann, genauso einer der wichtigsten Punkte bei der Behandlung von Traumata.

Wichtig

Unterstützung ist wichtig!

Während Angst bzw. Furcht in Maßen sinnvoll und nützlich sein kann, sind es die extremen Ausprägungsgrade davon und Traumata nicht. Hier liegt es an dir, deinen Hund beim Umgang mit Angst und Trauma zu unterstützen.

Carl lebt noch nicht lange in Deutschland, vieles bereitet ihm Stress. In kleinen Schritten muss er sich nun an sein neues Leben, mit vielen unbekannten Reizen, gewöhnen.

Auslöser von Traumata erkennen

In der Regel gibt es ein einschneidendes Ereignis, das das Trauma verursacht. In Bezug auf den Hund liegt das Problem jedoch darin, dass uns Menschen dieses Ereignis nicht immer bekannt ist. Viele Hunde werden erst im erwachsenen Alter übernommen, über ihre Vorgeschichte ist nichts bzw. nur wenig bekannt. Doch da traumatische Erlebnisse nicht grundsätzlich wirklich gefährlich sein müssen, kann es auch passieren, dass wir unmittelbar dabei sind, das Ereignis jedoch als harmlos einstufen. Erst am veränderten Verhalten unseres Hundes, häufig auch erst viel später, wird deutlich, dass eine Traumatisierung stattgefunden hat.

Aus der Praxis

Ein Hund, der beim Agilitytraining auf dem Steg ins Rutschen gekommen ist, erlitt eine Traumatisierung, da er keine Kontrolle mehr über seine Pfoten hatte. Da es sich dabei jedoch lediglich um ein paar Zentimeter handelte, es also keinen dramatischen Vorfall gab, fiel seinem Menschen dieses Ereignis gar nicht auf. Das Agilitytraining wurde daher nach diesem Lauf beendet. Erst eine Woche später, als der Hund erneut über den Steg laufen sollte, verweigerte dieser die sonst zuverlässig ausgeführte Übung, er zeigte deutliche Angst vor dem Steg. Erst nach längerem Überlegen wurde klar, dass der Hund offensichtlich beim letzten Training, an dem es zum Abend hin kalt und feucht wurde, auf dem Steg ins Rutschen gekommen sein musste. Da das ängstliche Verhalten des Hundes bis zum Lebensende bestehen blieb, trotz eines zwei Wochen nach dem Vorfall begonnenen Trainings und obwohl der Hund bis zu diesem Zeitpunkt, also über zwei Jahre lang, sicher und problemlos über den Steg gelaufen war, kann man hier mit Sicherheit von einer Traumatisierung sprechen.

Im hier beschriebenen Beispiel konnte der Auslöser für das Verweigern und das ängstliche Verhalten des Hundes gefunden werden. Nicht immer jedoch gelingt dies so problemlos, denn der Hund kann seine Ängste nicht aussprechen. Gerade dann, wenn viele unterschiedliche Faktoren mit der Situation, in der die Traumatisierung erfolgte, verknüpft sind, ist es oftmals für uns Menschen im Nachhinein nicht mehr möglich, diese als Auslöser zu erkennen.

Meideverhalten

Wurde ein Hund beim Spaziergang im Park von einem anderen Hund attackiert, kann dieses Erlebnis traumatisch gewesen sein. Begegnet der attackierte Hund dem anderen erneut, fängt er an zu hecheln, zu zittern und möchte sich am liebsten in Luft auflösen bzw. sich irgendwie aus dieser Situation entfernen. Meist führt das dazu, dass ein großer Bogen um den anderen Hund gelaufen wird. Ein solches Verhalten wird auch als Meideverhalten bezeichnet.

Viele Menschen bestärken Hunde, die Meideverhalten zeigen. Hat ein Hund Angst vor anderen Hunden, weicht man künftig auf dem Spaziergang anderen Hunden in einem großen Bogen aus. Als erste Strategie ist das zunächst einmal auch in Ordnung. Allerdings kann ein Hund so seine Angst niemals überwinden, da ein Hund, der Meideverhalten zeigt, sich nicht mit dem Angstauslöser auseinandersetzt. Im Umgang mit der Angst kann die Unterstützung des Meideverhaltens also immer nur eine „Erste-Hilfe-Maßnahme“ sein. Erst mithilfe einer gezielten Verhaltenstherapie wird sich die Angst verringern und der Hund lernt, seine Angst zu überwinden.

Hat der Hund die Attacke des anderen Hundes aber nicht nur mit diesem verknüpft und in seinem Kopf abgespeichert, sondern auch noch mit anderen Reizen, die in dieser Situation gerade präsent waren, wie z. B. dem Klingeln eines vorbeifahrenden Fahrrads, spielenden Kindern oder dem Geruch von Blumendünger, kann es also durchaus sein, dass besagter Hund in Zukunft auch beim Geruch von Blumendünger Meideverhalten zeigt, einfach nur, weil der Geruch die Erinnerung an die Attacke auslöst. Für das Training bzw. die Therapie ist es also wichtig, dass die Trauma auslösende Situation so gut wie möglich analysiert wurde. Was ist bzw. wie genau ist es passiert? Wer oder was war noch dabei? Leider lässt sich nicht immer alles rekonstruieren.

Mehrere Faktoren können für die Entstehung von Angst ursächlich sein. Häufig ist nicht klar abzugrenzen, was zu wie viel Prozent Schuld am ängstlichen Verhalten hat. Waren es physiologische Gründe, liegt eine genetische Prädisposition vor oder sind doch Lernerfahrungen bzw. eine ungenügende Prägung und Sozialisierung Auslöser ängstlichen Verhaltens? Oftmals greifen die Ursachen auch ineinander und sind nicht klar voneinander zu trennen.

Mischlingshündin Leni hat große Angst vor fremden Männern. Sie nähert sich Martin nur, weil dieser mit dem Rücken zu ihr sitzt und sie nicht anschaut.

Auslöser erkennen

Es gibt viele verschiedene Ursachen, die zu Angstverhalten beim Hund führen. Wie zuvor beschrieben, spielen häufig mehrere Faktoren eine Rolle, sodass die Angst nicht auf einen einzigen Auslöser zurückgeführt werden kann.

Zu begreifen, warum ein Hund Angst hat, ist der erste Schritt zu einer erfolgreichen Angsttherapie. So können gezielt Trainingsschritte ausgewählt werden, die für den betreffenden Hund ideal sind. Doch auch bei sogenannten „Secondhand-Hunden", bei denen die Vorgeschichte oft unbekannt ist, oder bei denjenigen, die keine offensichtliche Ursache für ihre Angst erkennen lassen, ist es hilfreich, sich über die eventuellen Entstehungsmöglichkeiten Gedanken zu machen. Häufig wird einem erst dann bewusst, in welcher Situation die Angst entstanden sein könnte.

Leider lässt sich nicht bei jedem Hund genau sagen, woher die Angst ursprünglich kommt. Weiß man jedoch um die verschiedenen Entstehungsmöglichkeiten, kann man künftige Situationen besser einschätzen und dementsprechend vermeidend tätig sein.

Physiologische Gründe für die Entstehung von Angst

Zwar sind physiologische Gründe als Ursache für Angstverhalten beim Hund nicht extrem häufig, jedoch sollte diese Möglichkeit vor jeder Therapie immer erst einmal abgeklärt werden. So können etwa Vitaminmangelerscheinungen, Hormonstörungen oder organische Gehirnerkrankungen zu ängstlichem Verhalten führen, genauso wie Schmerzen, die der Hund empfindet.

So wird z. B. der Neurotransmitter Serotonin aus der Aminosäure Tryptophan und einigen Vitamin-B-Komplexen gebildet. Serotonin gilt als „Glücksbotenstoff" und beeinflusst unter anderem die Stimmungslage. Ein zu niedriger Serotoninspiegel kann z. B. zu Ängsten führen. Sind nun Vitamine nicht in ausreichender Menge vorhanden, weil sie über die Nahrung nur unzureichend zugeführt werden oder vom Hund nicht richtig aufgenommen bzw. verwertet werden können, kann es zu einem Serotoninmangel kommen. Vitaminmangelerscheinungen zeigen sich allerdings erst nach längerer Zeit, es muss also bereits länger eine Unterversorgung vorherrschen bzw. eine Verdauungsstörung im Verdauungstrakt vorliegen. Wurden Hunde früher vorwiegend mit Fertigfutter ernährt, muss diesem Punkt heutzutage eine größere Bedeutung beigemessen werden, da immer mehr Menschen das Futter ihres Hundes selbst zusammenstellen. Wer seinen Hund mit Frischfutter ernähren möchte, sollte sich daher zuvor intensiv mit dem Bedarf des Hundes und Besonderheiten in der Fütterung auseinandergesetzt haben. Hunde können Gemüse z. B. nur dann verwerten, wenn durch Erhitzen oder Zerkleinern die Pflanzenzellen zerstört wurden. Wer dem Hund eine rohe Möhre im Ganzen füttert, sorgt zwar für Beschäftigung und eventuell auch für Kaugenuss, jedoch nicht für eine entsprechende Versorgung mit Vitaminen.

Schilddrüsenunterfunktion

In Bezug auf Hormonstörungen tritt bei Hunden häufig eine Schilddrüsenunterfunktion auf. Hierbei kann es je nach Ausprägung unter anderem zu übersteigerter Aggression gegen Mensch und Tier aufgrund einer erhöhten Reizbarkeit, stark verminderter Stressresistenz sowie übersteigertem Angstverhalten kommen. Diese Symptome zeigen sich sehr häufig bereits in jungem Alter. Die Behandlung ist in diesem Fall recht einfach, da nur die fehlenden Schilddrüsenhormone verabreicht werden müssen. Dazu muss der Tierarzt lediglich Blut abnehmen und die Schilddrüsenwerte im Labor bestimmen lassen. Die Therapie muss zwar lebenslang durchgeführt werden, gut eingestellt können diese Hunde jedoch ein beschwerdefreies Leben führen. Anders sieht es bei einer Schilddrüsenüberfunktion aus, die beim Hund jedoch eher selten ist. Ursache hierfür ist meist ein Tumor an der Schilddrüse.

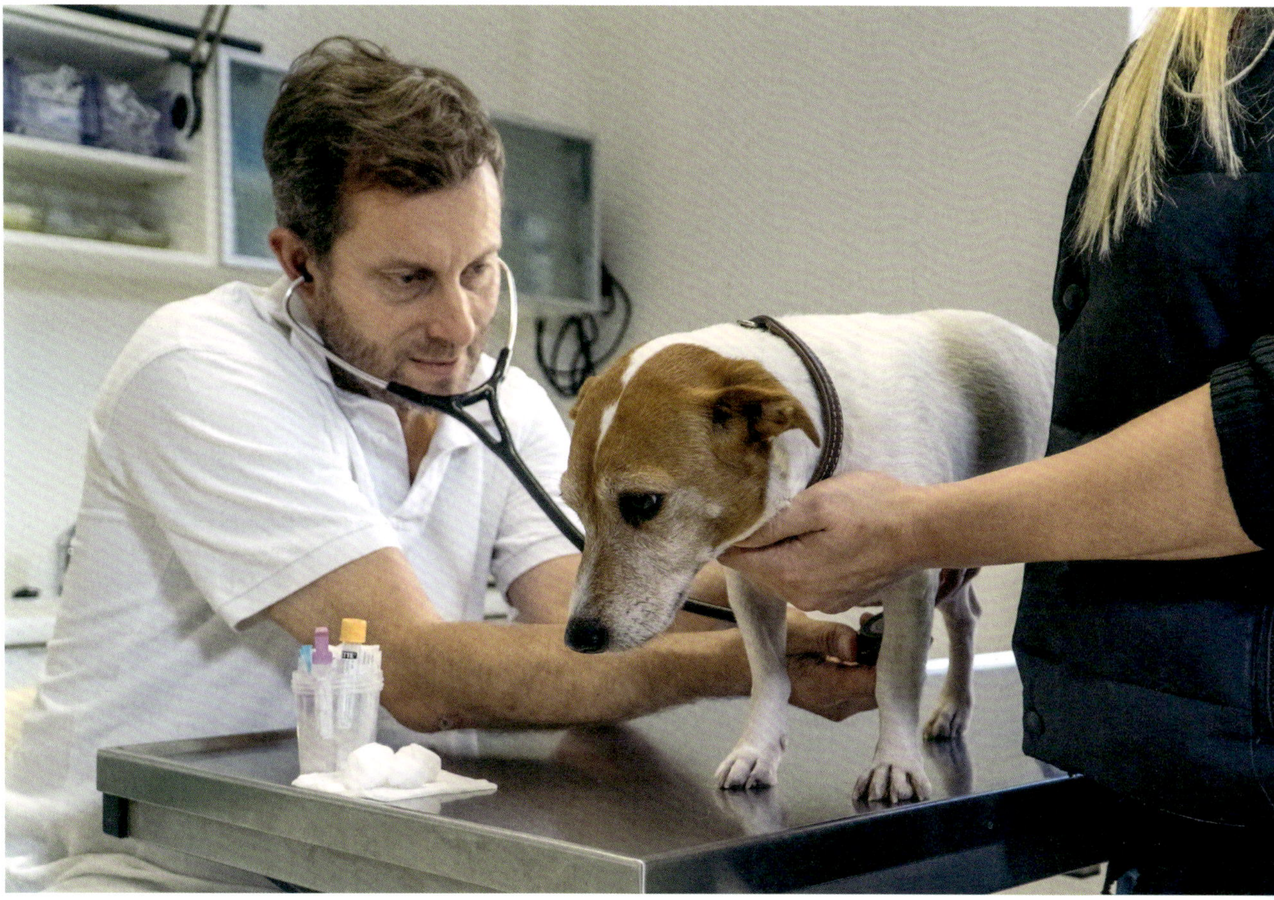

Die neun Jahre alte Jack Russell-Hündin Luna zeigt auf einmal unerklärliche Angst auf dem Spaziergang. Vor einer Therapie wird sie vom Tierarzt gründlich durchgecheckt.

Tumoren und Gelenkerkrankungen

Tumoren im Gehirn können ebenfalls Ursache für unerklärliches Angstverhalten des Hundes sein. Eine organische Gehirnerkrankung kann aber auch aus einer Gehirnerschütterung oder einer Hirnhautentzündung resultieren. Schmerzen im Bereich der Wirbelsäule oder in den Gelenken führen ebenfalls oft zu übersteigertem Angst- und Aggressionsverhalten. Ein Hund, dem jede Bewegung weh tut, wird diese Schmerzen unter Umständen mit bestimmten Situationen verbinden und künftig schon im Vorhinein Angstverhalten zeigen. Hat ein Hund Probleme mit der Wirbelsäule, sodass er Schmerzen beim Bürsten hat, wird er künftig vermutlich schon Meideverhalten zeigen, wenn man die Bürste nur in die Hand nimmt.

Bestehen auch nur minimale Zweifel an der physischen Gesundheit deines Hundes, ist es ratsam, einen Tierarzt aufzusuchen. Bei jeder Angsttherapie sollte dein Hund zudem tierärztlich durchgecheckt werden, hier ist zuerst einmal eine Blutuntersuchung wichtig und die Überprüfung der Beweglichkeit von Gelenken, Wirbelsäule etc. sowie des Herz-Kreislauf-Systems.

Viele Straßenhunde aus dem Süden kommen mit den vielen Reizen hierzulande nicht zurecht.

Podenco-Mix Milo ist im Alltag häufig überfordert. Ein fremder Mann ist für ihn eine Bedrohung.

Vererbung, die Rolle der Gene

Die Diskussion darüber, welche Verhaltenselemente vererbt oder erst durch Lernerfahrungen erworben wurden, betrifft das Thema Angst genauso wie alle anderen Reaktionsmöglichkeiten auf bestimmte Situationen. Traut sich der Hund nicht zu einem auffällig gekleideten Menschen, weil er keine oder schlechte Erfahrungen mit ihm gemacht hat - sein Verhalten also auf Lernerfahrungen beruht - oder weil er von Geburt an per se ein ängstlicher Hund ist, was in diesem Fall für eine genetische Ursache sprechen würde?

Da das Phänomen der Angst sehr komplex ist, wurde bisher noch keine genau definierte Anlage im Erbgut gefunden, die für Angst verantwortlich wäre. Es gibt also leider nicht „das eine Gen", das Angstverhalten verursacht und auf das dann züchterisch Einfluss genommen werden kann. Zudem wäre es auch nicht anzuraten, einen Hund ohne jegliches Angstverhalten zu züchten, da Angst durchaus sinnvoll und zum Teil auch überlebensnotwendig ist (siehe S. 7). Betrachtet man jedoch die unterschiedlichen Hunderassen insbesondere in Bezug auf die Ausprägung von Angstverhalten, fallen deutliche Unterschiede auf. Und selbst innerhalb einer Rasse findet man in bestimmten Linien eine besondere Anfälligkeit für ängstliches Verhalten. Natürlich kommt hierbei auch wieder das Argument des erlernten Verhaltens zum Tragen, denn die Mutterhündin ist ihren Welpen ein Vorbild. Reagiert sie also ängstlich auf Besucher, ist die Wahrscheinlichkeit, dass die Welpen künftig ebenfalls auf Besucher mit Skepsis reagieren, sehr groß.

Verschiedene Rassen und ihre Aufgaben

Während beispielsweise ein „typischer" Rottweiler oder Großer Schweizer Sennenhund eine vorbeifliegende Plastiktüte auf dem Spaziergang kaum registriert und sich entspannt anderen Dingen widmet, läuft ein „typischer" Bearded Collie einen großen Bogen um das flatternde Objekt. Der unterschiedliche Umgang der Hunde mit ein und derselben Situation liegt unter anderem an ihrer unterschiedlichen Zuchtgeschichte.

Rottweiler bzw. Große Schweizer Sennenhunde wurden dafür gezüchtet, auf dem Hof aufzupassen und die Kuhherden voranzutreiben. Allein deswegen dürfen diese Hunde nicht allzu schreckhaft und sensibel sein. Bei diesem Größen- und Gewichtsunterschied zwischen Kuh und Hund kann es schon einmal passieren, dass die beiden unsanft zusammenstoßen. Ein Hund, der vor Panik gleich weglaufen würde, wäre hier total fehl am Platz. Es handelt sich also um relativ robuste Hunde, die nicht so schnell zu beeindrucken sind. Auch nehmen sie körpersprachliche Signale, zumindest vom Menschen, nicht so ernst; sie selbst kommunizieren auch eher grob. Für die Funktion, für die sie gezüchtet wurden, sind sie somit jedoch optimal ausgerüstet.

Aber auch der Bearded Collie, der zur Kategorie der Hütehunde gehört, ist für seine Arbeit passend ausgestattet. Er soll eine Herde, in der Regel eine Schafherde, zusammenhalten, indem er die Schafe umkreist und sie dabei fixiert. Bricht ein Schaf aus der Herde aus, ist es die Aufgabe des Bearded Collies, dieses wieder zurück zur Gruppe zu bringen. So ist der Bearded Collie also darauf bedacht, auf kleine Veränderungen in seiner Umwelt schnell zu reagieren. Bei großen Herden ist es gar nicht so leicht, den Überblick zu behalten. Da ist es von Vorteil, wenn jede Kleinigkeit, die sich verändert, direkt auffällt. Diese starke Reizempfänglichkeit trägt jedoch dazu bei, dass diese Hunde in der Regel schreckhafter und damit schneller zu traumatisieren sind.

Für ihre ursprüngliche Nutzungsform sind alle diese Rassen optimal angepasst. Heutzutage werden sie jedoch nur noch selten für die ursprünglichen Aufgaben gebraucht und in der entsprechenden Umwelt gehalten, was zu Problemen führen kann – Angst kann eines davon sein. Ein überängstlicher

Der Große Schweizer Sennenhund Cooper folgt Sarah gelassen an der Leine. Selbst eine plötzlich herbeigewehte Plastiktüte kann ihn nicht aus der Ruhe bringen.

Hunde gibt es in den unterschiedlichsten Variationen: von klein bis groß, von kurzhaarig bis langhaarig. Genauso unterschiedlich wie das Aussehen ist auch ihr Verhalten.

Hund in einem städtischen Umfeld bereitet sich und seinen Menschen genauso Sorgen wie ein Hund, der immer und überall von Unsicherheit und Angst meilenweit entfernt ist. Nimmt ein Hund seine Umwelt und/oder seinen Menschen überhaupt nicht ernst, lässt er sich häufig auch nicht davon beeindrucken, was zu Schwierigkeiten im täglichen Umgang führen kann.

Aber auch innerhalb einer Rasse gibt es große Unterschiede. Pauschal lässt sich zwar häufig eine grobe Richtung, was den Grad der Ängstlichkeit angeht, festlegen, die individuelle Persönlichkeit darf aber nie außer Acht gelassen werden. Außerdem spielen verschiedenste Faktoren eine Rolle, die den Hund zu dem werden lassen, was er ist. Der genetisch verankerte Code ist also nicht alles. Vor allem Lernerfahrung und die Gewöhnung an die Umwelt in den ersten Lebenswochen spielen eine große Rolle bei der Angstempfänglichkeit von Hunden.

Angeboren oder erlernt?

Betrachtet man die unterschiedlichen Rassen, wird schnell klar, dass Vererbung beim Thema Angst eine Rolle spielt. Welches Verhalten jedoch zu wie viel Prozent angeboren oder erworben wurde, lässt sich trotz vieler Forschungen auch heute noch nicht eindeutig sagen, und vermutlich wird man eine solche Aussage, weder allgemein noch individuell auf ein Lebewesen bezogen, auch in Zukunft nicht treffen können. Immerhin, ein paar Forschungsergebnisse zur Vererbung der Angst beim Hund gibt es. So wurde unter anderem herausgefunden, dass Angst vor körperlichen Schmerzen genauso wie eine Überempfindlichkeit gegen laute Geräusche unabhängig, das heißt als einzelne Merkmale, vererbt werden können (vgl. Aldington 2003, S. 177). Ein Hund, der auf einen lauten Knall ängstlich reagiert, muss also nicht notgedrungen auch gegenüber visuellen Reizen oder in Erwartung von Schmerzen

besonders ängstlich reagieren. Wie ausgeprägt sich die vererbte Angst aber zeigt, ist wiederum von den weiteren Lebensbedingungen des jeweiligen Hundes abhängig.

Ein Hund, der aufgrund seiner Erbanlagen ängstlich ist, wird seine Welt mit genau dieser „Angst im Rücken" erkunden. Er wird vorsichtiger und zögerlicher sein als andere Welpen, die den Großteil des „Bausteins Angst" erst später durch Lernerfahrungen erwerben werden. Menschen, die einen eher ängstlichen Welpen zu Hause aufnehmen, müssen also viel Zeit investieren und dem Welpen viele Facetten der Welt behutsam zeigen, damit er lernt, dass er auch ohne bzw. mit weniger Angst auf neue Reize reagieren kann.

Die Veranlagung zu ängstlichem Verhalten lässt sich also bei einem wenige Wochen alten Welpen bereits voraussagen, einfach indem man beobachtet, wie er sich neuen Situationen gegenüber verhält. Es lässt sich erkennen, wie stark Angst sein Verhalten bereits zu diesem Zeitpunkt beeinflusst. Und auch wenn dieser Welpe immer ein eher vorsichtiger Hund bleiben wird, kann er aufgrund von Lernerfahrungen in der Zeit des Erwachsenwerdens dennoch später gelassen und entspannt durchs Leben gehen. Vererbung und Umwelterfahrungen beeinflussen sich also gegenseitig!

Nicht konditionierte Ängste

Unabhängig von der Rasse gibt es auch Angstauslöser, die generell bei Hunden und auch bei Menschen Angst auslösen. Grund dafür ist, dass diese Auslöser sich in der Entwicklungsgeschichte von Menschen bzw. Tieren als grundsätzlich gefährlich und bedrohlich gezeigt haben. Diese Information wird in den Erbanlagen von Generation zu Generation weitergegeben, sodass die Angst vor solchen Gefahren nicht von jedem Lebewesen erst neu erlernt werden muss.

Zu solchen sogenannten Urängsten zählt die Angst vor Feuer und Brandgeruch, vor ungewöhnlichen Reizintensitäten wie Erdbeben, vor lauten Geräuschen wie Explosionen, vor Schmerzen, vor Höhe, vor schnellen Bewegungen, die auf ein Individuum zukommen, sowie vor plötzlich auftretenden Reizen, wie z. B., wenn jemand aus dem Gebüsch springt (vgl. Specht, 2015). Diese Ängste können entweder von Geburt an bestehen oder sich auch erst irgendwann im Erwachsenenalter zeigen. Viele Menschen haben als Kind keinerlei Höhenangst, erst später bemerkt der Mensch auf einmal, dass er sich in der Höhe unsicher fühlt und meidet diese dann meist. Ähnliche Beobachtungen kann man gerade in Bezug auf Höhe auch bei Hunden machen. Warum dies so ist, konnte wissenschaftlich bisher nicht nachgewiesen werden, jedoch ist ein Lebewesen im Alter körperlich nicht mehr so fit und belastbar. Ein Sprung aus großer Höhe kann schnell zu einem Knochenbruch und damit zu einer in der Natur lebensgefährlichen Verletzung führen, sodass dies vielleicht auch einfach wieder dem Selbstschutz dient.

Umwelteinflüsse und ihre Auswirkungen

Aus der Praxis

Der laut Schätzung des Tierarztes etwa vierjährige Podenco-Rüde Sancho lebt seit einigen Wochen bei seiner neuen Familie. Diese hatte ihn während des Urlaubs in einem Tierheim in Spanien entdeckt. Auf dem Freigelände kam Sancho sofort zur Familie angelaufen und nahm Kontakt auf. Gern ließ er sich von den Kindern streicheln und rannte mit diesen um die Wette. Schnell war allen klar: Sancho muss mit nach Deutschland, hier kann er nicht bleiben! Ein Hund war schon seit langem der Wunsch der beiden Kinder und Sancho gefiel mit seiner sanften Art auch den Eltern. Doch leider fingen bereits kurz nach dem Urlaub die Probleme an. Sancho zeigt sich ganz anders, als die Familie ihn im Urlaub kennengelernt hatte: Er fürchtet sich vor großen Autos sowie generell vor lauten Straßengeräuschen. Außerdem erschrickt er beim Spaziergang ständig vor den unterschiedlichsten Dingen, wie der Mülltonne am Straßenrand, dem Nachbarskind, das auf seinem Bobby-Car herumfährt, oder der älteren Dame von Gegenüber mit ihrem Rollator. Den Kindern gegenüber ist Sancho aufgeschlossen, dem Vater weicht er jedoch aus. Wenn dieser abends noch eine letzte Runde mit ihm gehen möchte, verkriecht er sich und lässt sich weder mit Leckerchen noch durch Überredungsversuche aller Familienmitglieder aus seinem Versteck locken. Aus dem fröhlichen, gelassenen und aufgeschlossenen Rüden ist ein unsicherer, nervöser Hund geworden, der am liebsten das Haus nicht mehr verlassen will und keinen Kontakt zu Menschen sucht. Doch wie kam es zu dieser Veränderung im Verhalten des Hundes? Was ist der Grund dafür, dass Sancho mit seinem neuen Leben, bei dem es ihm doch eigentlich an nichts fehlt, nicht klarkommt und unglücklicher wirkt als im Zwinger in Spanien?

Nicht nur Vererbung spielt eine Rolle bei der Ausprägung von Verhalten, sondern auch die Umwelt, in der ein Hund aufwächst. Dabei ist insbesondere die Zeit des Erwachsenwerdens von Bedeutung, in der die Sozialisierung des Hundes stattfindet.

Die Sozialisierungsphase

Ein Welpe ist anfangs noch blind und taub, er kann zunächst nur riechen, schmecken und tasten. Damit ist er ausreichend ausgestattet, um die Zitze von Mama zu finden und sich zu ernähren. Ein Auskühlen wird ebenfalls verhindert, da die Welpen die Nähe zueinander und zu der Mutterhündin suchen und eng aneinandergekuschelt liegen. In dieser sogenannten vegetativen Phase können sie sich somit ganz auf ihre körperliche Entwicklung konzentrieren. In der dritten Lebenswoche, der sogenannten Übergangsphase, öffnen sich die Augen und Ohren des Welpen. Zwar kann der Welpe nun nicht sofort vollständig sehen und hören, doch mit jedem Tag nimmt er mehr von seiner Umwelt wahr. Diese Umwelt ist für Welpen sehr wichtig, ganz besonders zwischen der vierten und siebten Lebenswoche, der sogenannten sensiblen Phase der Sozialisierungsphase. In dieser Zeit entwickelt sich das Adrenalinsystem, der Welpe reagiert daher auf neue Reize häufig mit Nervosität und Schreckreaktionen. Welpen brauchen Reize in dieser Zeit in jedem Fall in dosierter Form. Es ist wichtig, dass jeder Welpe das Gefühl hat, eine vor sich liegende Aufgabe, wie z. B. die Erkundung eines neuen Untergrundes, schaffen zu können! Jedem einzelnen Welpen muss der Züchter dabei die Möglichkeit geben, Reize in seinem individuellen Tempo erkunden zu können.

Wichtige Erfahrungen sammeln

Diese ersten Wochen sind aber auch deshalb so bedeutsam, weil eventuell nicht gemachte Erfahrungen später kaum nachgeholt werden können. Damit ist natürlich nicht gemeint, dass ein Welpe wirklich alles kennenlernen muss, was es auf der Welt gibt. Ein Welpe, der jedoch beim Züchter z. B. die Waschmaschine, den Staubsauger und die Spülmaschine kennengelernt hat, wird später einmal im neuen Zuhause kaum Probleme mit dem Trockner oder dem Entsafter haben. Er weiß, dass Menschen elektrische Geräte besitzen, die seltsame

Podenco-Hündin Sunny wird nur mit Sicherheitsgeschirr im Straßenverkehr geführt, da ihr die vielen Autos und der Verkehrslärm Angst machen.

Schäferhund-Welpe Lumi hat beim Züchter bereits viel kennengelernt. Er findet den Staubsauger im neuen Zuhause zwar unheimlich, nähert sich ihm jedoch neugierig.

und durchaus laute Geräusche von sich geben. Er hat gelernt, dass elektrische Geräte nicht gefährlich sind, es hat eine Generalisierung in Bezug auf diese Geräte stattgefunden.

Leider gibt es immer wieder Welpen, die gerade in dieser wichtigen Zeit nicht genügend Erfahrungen sammeln können. Vermehrer, denen es lediglich darauf ankommt, so viel Geld wie möglich mit dem Verkauf der Welpen zu verdienen, halten die Welpen oftmals in einem Stall oder Kellerraum, wo sie außer bei der Fütterung keinen Kontakt zu Menschen haben und keine Außenreize kennenlernen. Man kann sich gut vorstellen, dass ein kleiner Welpe, der bisher nichts kennengelernt hat, z. B. auf einen lauten Staubsauger erst einmal skeptisch reagiert, woraus sich unter Umständen durchaus eine Angst vor diesem Gerät entwickeln kann. Ein Hund hingegen, der beim Züchter schon viele Haushaltsgeräte kennengelernt hat und nun im neuen Zuhause plötzlich auf einen sehr viel lauteren Staubsauger trifft, wird in aller Regel nicht so schnell aus der Fassung gebracht und sich nach einem kurzen Schreck wieder entspannen. Er hatte bereits die Möglichkeit, Erfahrungen mit lauten, elektrischen Geräten zu machen.

Hunde aus ländlichen Gebieten

Auch viele Straßenhunde aus den südlichen Ländern wachsen häufig in einer ruhigen ländlichen Umgebung auf. Auf der Straße geboren, leben sie am Rande kleiner Dörfer, in denen kaum Verkehr herrscht und wo sie von der Zivilisation, wie sie hier in Deutschland üblich ist, nichts mitbekommen. Wird ein solcher Hund nun aus dem Stall oder von der Straße gerettet, wird er mit Reizen konfrontiert, die ihn vollkommen überfordern. Beispiele wie das des Podenco-Rüden Sancho stehen fast schon auf der Tagesordnung. Hunde, die überwiegend aus südeuropäischen Ländern nach Deutschland importiert werden, erleiden hier oft einen Kulturschock. Häufig kommen sie aus ruhigen Gegenden in eine betriebsame Stadt. Sie haben Autos bisher nur aus weiter Entfernung gesehen, werden nun aber in einer kleinen engen Box in einem solchen Gefährt oder im Flugzeug stundenlang in ihre neue Heimat befördert – für viele ein Trauma! Hunde, die in ihrem Herkunftsland bereits Autos kennengelernt haben, weil sie beispielsweise in einer Stadt lebten, überstehen dagegen einen Transport viel leichter und haben auch weniger Probleme, sich in der neuen Umgebung zurechtzufinden.

Qualität der Erfahrungen

Doch nicht nur die „nicht gemachten" Erfahrungen spielen eine wichtige Rolle für den Umgang mit neuen Reizen im späteren Leben des Welpen. Es kommt auch darauf an, welche Erfahrungen der Welpe in dieser sensiblen Phase der Sozialisierungsphase gemacht hat. Der Welpe sollte nach Möglichkeit viele positive Lernerfahrungen machen. Denn ein Negativerlebnis ist gerade in diesem frühen Alter so schlimm, da der Welpe noch keinerlei Erfahrung mit bestimmten Situationen hat. Negative Erfahrungen werden daher fest abgespeichert, sodass man sie später kaum wieder löschen kann. Wenn ein Welpe also beim Züchter den ersten Kontakt mit einem männlichen Besucher hat und dieser ihm dabei versehentlich auf die Rute tritt, sodass er Schmerzen erleidet, wird der Welpe vermutlich gegenüber dem Besucher künftig ängstlich reagieren. Je nachdem, wie ängstlich veranlagt ein Welpe ist, aber auch wie schmerzhaft die Situation war bzw. wie überraschend und damit unvorhersehbar das Erlebnis für den Welpen war, desto ausgeprägter kann sich das Angstverhalten in Zukunft zeigen. Im schlimmsten Fall fürchtet sich der Welpe künftig vor allen fremden Menschen. Vielleicht zeigt er aber auch nur Angst gegenüber Männern. War der Besucher ein Bartträger, kann es ebenfalls sein, dass der Welpe lediglich Männern mit Bart künftig skeptisch gegenübertritt.

Ein angstauslösender Reiz in den ersten Lebenswochen kann damit die Persönlichkeit eines Welpen beeinflussen. Der Zeitpunkt, an dem das Ereignis geschah, ist somit auch für die Wahrscheinlichkeit, ob sich ein Schreck zu einer Angst entwickelt, bedeutsam. Vor allem die Zeit zwischen der dritten und neunten bis dreizehnten Woche ist für Lernvorgänge außerordentlich wichtig (vgl. Feddersen-Petersen 2004).

Aus diesem Grund ist es wichtig, dass ein Züchter immer genau im Blick hat, welche Reize seine Welpen kennenlernen. Er muss eine Umgebung herstellen, in der die Welpen in ihrem eigenen Tempo neue Reize erkunden können, ohne dass dabei negative Erfahrungen gemacht werden. Dabei geht es sowohl darum, den Welpen auf unterschiedlichste Menschen zu sozialisieren sowie ihn an verschiedenste akustische und visuelle Reize zu gewöhnen. Dazu gehört auch, den Welpen mit unterschiedlichen Untergründen vertraut zu machen sowie erste Umwelterfahrungen in fremder Umgebung zu sammeln. Die Welpen dürfen dabei weder unter- noch überfordert werden. Es macht also keinen Sinn, den Welpen an einem Tag so viele neue Reize wie möglich zu bieten. Sinnvoller ist es, Tag für Tag einen neuen Reiz im Welpenauslauf hinzuzufügen bzw. den Welpen tagtäglich die Möglichkeit zu bieten, eine neue Lernerfahrung zu machen.

Tink hat keine Angst vor Staubsaugern. Sie schläft entspannt weiter, während im Haus geputzt wird.

Diese Sozialisierung muss durch die neue Familie des Welpen weiter fortgesetzt werden, der Welpe muss die Möglichkeit haben, seine neue Umwelt zu erkunden. Die Sozialisierungsphase endet erst mit Einsetzen der Pubertät. Mit dem Einzug des Welpen sind die neuen Halter also gefragt, sie müssen den Welpen nun Schritt für Schritt an die im künftigen Lebensraum vorherrschenden Bedingungen gewöhnen. Auch in dieser Zeit ist es wichtig, den Welpen nicht zu überfordern sowie das individuelle Lerntempo zu beachten.

Gefahr der Überforderung

Glücklicherweise ist mittlerweile den meisten Menschen bekannt, dass Welpen nicht isoliert gehalten werden dürfen. Der Besuch in der Stadt sowie die Teilnahme an der Welpengruppe sind daher in der Regel bereits vor Einzug des Welpen fest eingeplant. Jedoch ergeben sich dadurch oftmals zwei weitere Probleme. Viele Welpen werden in dieser Zeit schlichtweg mit allem konfrontiert, was es überhaupt nur gibt. Aus Angst, diese wichtige Phase nicht ausreichend genutzt zu haben, werden die Welpen von einem Ort zum nächsten geschleppt. Dies führt zu einer Überforderung, da der Welpe keine Zeit hat, die erlebten Reize zu verarbeiten. Sind Umweltreize nicht angemessen, reagiert er mit Stress. Dieser kann sich durch „Pfoten wund knabbern“ oder durch sehr unsicheres Verhalten zeigen. Welpen sind also durchaus flexibel, was ihre Anpassung an die Umwelt betrifft. Und das müssen sie auch sein! Denn oft werden sie in eine Umwelt hineingeboren, die den arteigenen Wünschen überhaupt nicht entspricht. Trotz einer relativ flexiblen Anpassung können sie aber keine Wunder vollbringen. Und so bleibt es auch nicht aus, dass sie auf eine „unangemessene Umwelt“ – viel zu viele oder zu wenige Reize – mit einer Verhaltensveränderung reagieren, die sich z. B. in stark ängstlichem Verhalten zeigt.

Pubertät – erneute Vorsicht ist angesagt

Aber auch wenn Menschen den Welpen in dieser Zeit nicht überfordern, sondern in kleinen Schritten mit allen wichtigen Reizen konfrontieren, kann der Welpe sich dennoch zu einem unsicheren Hund entwickeln. Viele Menschen denken, dass die Sozialisierung des Hundes mit dem Ende der Welpenzeit abgeschlossen ist. Bis zur 16. Woche etwa wird der Welpe daher überall hin mitgenommen. Er lernt viele Reize kennen und kann Situationen gut einschätzen. Als Junghund steht dann auf einmal das Training des Hundes im Vordergrund, schließlich soll der Hund später einmal gut erzogen sein und entspannt an der Leine laufen. Man übt „Sitz“, „Platz“, „Hier“ und die Leinenführigkeit. An die weitere Sozialisierung denkt niemand mehr. Und so kommt der Junghund auf einmal in die Pubertät, eine Phase, die erneut Unsicherheiten mit sich bringt. Die Erfahrungen, die er als Welpe gemacht hat, liegen bereits weit zurück, sodass negative Erlebnisse in der Pubertät sich festigen. Damit der Junghund also gut gerüstet in die Pubertät starten kann, muss er weiterhin, ähnlich wie in der Welpenzeit, viel erleben und immer wieder mit bereits bekannten, aber auch mit neuen Reizen und Situationen konfrontiert werden.

Die drei Monate alte Vizsla-Hündin Annie findet das Stoffpferd, das viel größer ist als sie, unheimlich.

Gemeinsam mit ihrem Menschen traut sie sich langsam heran, ist aber immer noch fluchtbereit.

Ganz geheuer ist dem gerade erwachsen gewordenen Appenzeller Sennenhund das Stoffpferd auch nicht. Mit aufgestellten Nackenhaaren und langem Hals nimmt er vorsichtig Kontakt auf.

Zeit der Achterbahnfahrt

Hat ein Hund die Sozialisierungsphase gut überstanden, kommt im Anschluss daran noch einmal eine Zeit, in der er etwas ängstlicher als sonst reagiert. Sie liegt je nach Hund zwischen dem sechsten und zwölften Monat und geht mit beginnender Geschlechtsreife und der damit verbundenen hormonellen Umstellung einher. Anzeichen für den Beginn der Pubertät sind bei der Hündin das Einsetzen der ersten Läufigkeit sowie beim Rüden das veränderte Verhalten beim Urinieren: Der Rüde hebt immer häufiger das Bein, er uriniert nicht mehr in der leichten Hocke.

Das Gehirn gleicht in dieser Phase einer Baustelle: Alle bestehenden Nervenverbindungen werden überprüft, überflüssige Verknüpfungen gelöst, ungenutzte Zellen zerstört, neue Verbindungen aufgebaut. Der junge Hund befindet sich damit in einem chaotischen, oftmals scheinbar widersprüchlichen Zustand. Fühlt er sich an einem Tag bereits erwachsen und testet seine Grenzen bei der Begegnung mit anderen Rüden aus, zeigt er sich am nächsten Tag vollkommen verunsichert, nur weil auf einmal ein Müllsack am Gartenzaun flattert. Die Nackenhaare werden gesträubt, der unheimliche Gegenstand verbellt, der Hund springt vor und zurück, hin- und hergerissen von den Gefühlen, die in ihm herrschen. Soll er sich trauen und das gefährliche Ding untersuchen oder sich doch lieber hinter Herrchen oder Frauchen zurückziehen und sich darauf verlassen, dass diese wissen, wie man sich in einer solchen Situation verhalten muss, und die im Notfall auch schützend eingreifen können? Ein pubertierender Hund kann Situationen also nicht wirklich einschätzen, sodass immer auch die Gefahr ernsthafter Verletzung besteht. Da hat es die Natur geschickt eingerichtet, den Hund in dieser Phase etwas misstrauischer und ängstlicher werden zu lassen. Reiner Selbstschutz also!

Auf dem Spaziergang schaut sich Martin das Verhalten von Toni an. Dieser erschrickt vor dem Pylon.

Martin weist Anni an, sich den Pylon anzuschauen. Toni soll in dieser Zeit das Signal „Bleib" ausführen.

In dieser Phase musst du also deinem jungen Hund den notwendigen Freiraum bieten, sich zu entwickeln, um zu einem selbstbewussten Hund heranreifen zu können. In schwierigen Situationen musst du jedoch für deinen Hund da sein, ihm Sicherheit bieten, denn nur so wird dieser sich auch später weiterhin an dir orientieren. Zeigt dein junger Hund z. B. Angst vor einem Objekt, bringt es nichts, ihn dazu zu zwingen, sich mit diesem auseinanderzusetzen. Besser du lässt deinen Hund z. B. im Signal „Bleib" zurück, schaust dir selbst den unheimlichen Gegenstand an und gibst deinen Hund dann frei. Auch jetzt ist es wichtig, dass dein Hund sich in seinem eigenen Tempo dem Gegenstand nähern kann. Er selbst entscheidet, wie nahe er sich herantraut. Jedes Überwinden steigert dabei das Selbstbewusstsein deines Hundes.

Angst hat also auch durchaus etwas Gutes! Wer eine Situation, in der er sich unsicher gefühlt hat, überwindet, wächst daran.

Zudem wächst mit jeder so bewältigten Situation auch das Vertrauen deines Hundes zu dir. Denn schließlich hast du dir als Erster das Objekt angeschaut. Du hast die Situation richtig eingeschätzt und deinem Hund gezeigt, dass keine Gefahr besteht. So wird sich dein Hund auch künftig eher an dir orientieren, denn er hat gelernt, dass du in scheinbar gefährlichen Situationen gelassen bleibst und souverän handelst.

Angst aufgrund von Lernerfahrungen

Selbst wenn in der Welpen- und Junghundezeit alles bestens verlaufen ist und dein Hund sich zu einem sicheren, selbstbewussten Hund entwickelt hat, kann er dennoch im Erwachsenenalter Ängste entwickeln. Grund hierfür sind Lernerfahrungen.

Ein Hund erschrickt an einem Sommerabend vor einem Feuerwerk, das am späten Abend plötzlich beginnt. Er springt auf, fängt an zu hecheln und zu zittern und kriecht unter den Stuhl. Und was macht der Mensch? In der Regel versucht er, beruhigend auf seinen Hund einzureden, ihn zu streicheln und zu trösten. Der Hund erfährt nun in dieser angstauslösenden Situation ungewöhnlich viel Aufmerksamkeit und kann dadurch den Eindruck bekommen, dass die Situation wirklich gefährlich ist und er allen Grund hat, sich zu fürchten. Diese

Anni gibt Toni frei, er darf sich den Pylon anschauen. Vorsichtig nähert er sich und beschnüffelt ihn.

ungewohnte Aufmerksamkeit durch den Menschen kann den Schreck des Hundes damit verstärken und dazu führen, dass er in Zukunft immer Angst bei Feuerwerk zeigt. Würde der Mensch seinen Hund dagegen ignorieren, könnte dieser nach einem kurzen Schreckmoment begreifen, dass eigentlich gar nichts Schlimmes passiert ist, da auch alle anderen Anwesenden und vor allem sein Mensch dieser Situation keine zu große Beachtung schenken. Schlussfolgerung: Ein Feuerwerk ist nichts Besonderes. Mit Ignorieren ist hier keinesfalls Wegstoßen oder Alleinlassen gemeint. Wenn dein Hund bei dir Schutz sucht, soll er das natürlich dürfen. Es genügt aber, wenn du einfach für ihn „da bist". Du verhältst dich also einfach neutral. Dein Hund darf sich natürlich auch eng an dich kuscheln. Auch darfst du deinen Hund streicheln, vorausgesetzt, du machst das in solchen Situationen sonst auch häufig. Befindest du dich z. B. gerade auf der Terrasse, ist es vermutlich in anderen Situationen kaum vorgekommen, dass du dich auf den Boden legst und mit deinem Hund kuschelst. Daher wäre dieses Verhalten bei einem plötzlichen Feuerwerk unangebracht. Doch beim Streicheln bzw. bei sozialer Zuwendung wird Oxytocin freigesetzt, das sogenannte „Kuschelhormon". Es hilft einem Lebewesen zu entspannen. Daher kann es

Martin und Anni setzen den Spaziergang fort. Auch Toni kann nun entspannter vorbeilaufen.

Cora hat Angst vor Männern. Doris streichelt sie zur Beruhigung, die Angst wird dadurch jedoch größer.

also durchaus hilfreich sein, seinen Hund in einer Angstsituation zu streicheln, er muss dies jedoch bereits aus früheren Situationen kennen. Der Aufbau eines Entspannungssignals (siehe S. 110) kann in solchen Situationen ebenfalls sinnvoll sein.

Wichtig in all diesen Situationen ist jedoch, dass du souverän und sicher handelst. Ein Streicheln mit Bedauern und Trösten vermittelt dem Hund dagegen eher eine aufgeregte, ebenfalls unsichere Stimmung und verschlimmert daher allein schon durch Stimmungsübertragung das Angstverhalten des Hundes, anstatt zu mehr Entspannung beizutragen.

In der Tat spielen Menschen bei der Angstentwicklung ihres Hundes also oft eine große Rolle. Da meint man es nur gut und möchte seinen vierbeinigen Freund trösten, verstärkt aber unbewusst seine Angst.

Damit Cora lernt, sich bei fremden Männern zu entspannen, setzen sich Martin und Doris auf eine Decke. Doris sitzt dabei als Puffer zwischen Martin und der Mischlingshündin.

Lernverhalten von Hunden

Um die Entstehung bzw. den Aufbau von Angst zu beschreiben, gibt es aus lerntheoretischer Sicht verschiedene Ansätze. Beispielsweise kann eine Schmerz-Flucht-Reaktion durch das klassische Konditionieren erworben und Flucht- und Vermeidungsverhalten durch sogenanntes instrumentelles bzw. operantes Konditionieren aufrechterhalten werden.

Klassische Konditionierung

Iwan Petrowitsch Pawlow entdeckte 1918 in einem Laborexperiment zu Verdauungsprozessen bei Hunden, dass Versuchstiere, die schon längere Zeit in das Experiment eingebunden waren, zu speicheln begannen, schon bevor ihnen Fleischpulver ins Maul gegeben wurde. Der Speichelfluss trat schon beim Anblick des Tierpflegers ein, später sogar schon bei der Wahrnehmung seiner Schritte in das Labor.

Es gibt bei jedem Lebewesen unbedingte, also angeborene Reflexe bzw. Reaktionen, die auf Reize aus der Umwelt reagieren. Hierzu gehört z. B. das Speicheln beim Wahrnehmen von Nahrung. Diese Reaktion ist damit „unbedingt", da sie nicht gelernt werden muss. Das Futter stellt in diesem Fall den unbedingten Reiz dar, der die unbedingte Reaktion auslöst. Ein unbedingter Reiz wird als UCS (unconditioned stimulus) und eine unbedingte Reaktion als UCR (unconditioned reaction) bezeichnet. Nun tritt dieser unbedingte Reiz mit einem anderen neutralen Reiz (NS) der Umwelt, in unserem Beispiel dem Geräusch des sich nähernden Pflegers, auf. Der neutrale Reiz hat bislang beim Lebewesen eine neutrale Reaktion (NR) ausgelöst, wie z. B. eine Aufmerksamkeitsreaktion. Die Verbindung zwischen dem unbedingten Reiz, dem Futter, und dem neutralen Reiz, den Schritten des Pflegers, sorgt nun dafür, dass bald schon der neutrale Reiz, also

Vor der Konditionierung

Schritte NS	→	Ohren hochstellen NR
Futter UCS	→	Speichel UCR

Während der Konditionierung

Schritte NS		
+	↙	
Futter UCS	→	Speicheln UCR

Nach der Konditionierung

Schritte CS	→	Speicheln CR

der Anblick des Pflegers, ausreicht, um die Reaktion des Speichelns hervorzurufen. Die ehemals unbedingte Reaktion (UCR) wird damit zu einer bedingten, also erlernten Reaktion, diese wird mit CR (conditioned reaction) bezeichnet. Der ursprünglich neutrale Reiz, die Schritte des Pflegers, werden nach der Konditionierung zum bedingten, also erlernten Reiz (CS, conditioned stimulus).

Schmerz-Flucht-Reaktion

Wie schon erwähnt, werden Schmerz-Flucht-Reaktionen durch das klassische Konditionieren erworben. Ein Hund wird mit einer zusammengerollten Zeitung auf die Hüfte geschlagen. Der Schmerz, den er dabei spürt, löst bei ihm einen Sprung zur Seite aus – ein Entfernen aus der Situation. Wird er nun öfter mit der Zeitung getroffen, reicht nach einigen Wiederholungen der Anblick der Zeitung, um eine Fluchtreaktion auszulösen. Übrigens sei an dieser Stelle erwähnt, dass solche vorsintflutlichen Erziehungsmethoden die komplette Bankrotterklärung innerhalb der Beziehung zwischen Mensch und Hund sind.

Arany ist in fast allen Situationen gut abrufbar und darf auf dem Spaziergang meistens frei laufen.

Fällt auf einmal z. B. ein kleiner Ast vom Baum, erschrecken sich die meisten Hunde.

Vor allem Ängste entstehen häufig aufgrund klassischer Konditionierung. Beim Spaziergang zieht ein Gewitter auf, für den bisher bei schlechtem Wetter gelassenen Hund kein Problem. Auf einmal donnert es genau über dem Hund, dabei bricht durch den starken Sturm ein Ast von einem Baum ab, der den Hund beinahe trifft. Dieser kann sich zwar noch durch einen Sprung zur Seite retten, ist jedoch stark verunsichert. Donner war bisher für den Hund ein neutraler Reiz, auf den höchstens eine Aufmerksamkeitsreaktion erfolgte. Der heruntergefallene Ast bewirkt als unkonditionierter Reiz eine unkonditionierte Schreckreaktion. Dass man vor herunterfallenden Ästen/Dingen erschrickt, muss man nicht erst lernen; schnelle Bewegungen auf ein Lebewesen zu gehören zu den „Urängsten". In Kombination mit dem Ast wird der Donner nun zum konditionierten Reiz. Der Hund hat gelernt,

Sieht sie einen Hund, gibt es jedoch kein Halten mehr, sodass Judith sie bei Begegnungen immer anleint.

Doch der Griff zur Leine kündigt inzwischen das Entgegenkommen eines Spielkumpans an, Arany startet durch.

dass Donner die Gefahr, vom Ast erschlagen zu werden, ankündigt. Künftig wird er daher bei jedem erneuten Donnern Angst empfinden, die klassische „Angst vor Gewitter“ ist entstanden.

Unbewusste Konditionierung

Menschen nutzen die klassische Konditionierung aber auch im täglichen Umgang mit dem Hund, meist unbewusst und unbeabsichtigt. Ein jagdpassionierter Hund, der während eines Spaziergangs immer nur dann angeleint wird, wenn Hasen auf dem Feld zu sehen sind, kann nach einigen Wiederholungen verknüpfen, was es mit der Leine auf sich hat. Und so beginnt er, das Feld nach Hasen abzusuchen, sobald sein Mensch mit der Leine hantiert. Oft erlebt man dies auch in Bezug auf den Kontakt mit anderen Hunden. Der eigentlich gut rückrufbare Hund läuft entspannt neben Frauchen und schnüffelt interessiert am Wegesrand. Auf einmal bemerkt Frauchen, dass in einiger Entfernung ein Mensch mit seinem Hund den beiden entgegenkommt. Frauchen greift zur Leine, was der Hund sofort bemerkt. Der Blick des Hundes richtet sich nach vorn, denn er hat längst gelernt, was das Zur-Leine-Greifen von Frauchen bedeutet: Ein Hundekumpel nähert sich. Da der Hund gut rückrufbar ist, wird er, außer zum Ende des Spaziergangs, nämlich immer nur dann angeleint, wenn andere Hunde auftauchen. Damit wird der eigentlich neutrale Reiz „Zur-Leine-Greifen“, der zu Beginn, wenn überhaupt, eine Aufmerksamkeitsreaktion beim Hund auslöste, zum konditionierten, also erlernten Reiz. Er kündigt den unkonditionierten Reiz, nämlich den Kontakt mit einem Artgenossen, an. Freude über Sozialkontakt muss nicht erst erlernt werden, sodass der Hund aufgrund des Konditionierungsprozesses künftig mit dem Zur-Leine-Greifen das Spiel mit einem Hund verbindet. Aus diesem Grund sollte man seinen Hund auch immer wieder einmal einfach so an die Leine nehmen, ohne dass in der Ferne ein Hund oder etwas anderes Interessantes auftaucht.

Operante Konditionierung

Beim operanten Konditionieren geht es in erster Linie um die Auswirkungen, die eine Handlung mit sich führt, also um der Handlung nachfolgende Ereignisse. Diese können verstärkend oder aber schwächend wirken und somit Verhalten öfter oder seltener auftreten lassen. Dabei unterscheidet man vier verschiedene Prinzipien, je nachdem, ob eine angenehme oder unangenehme Folge dargeboten oder entzogen wird.

Nach dem Verhalten wird eine	...dargeboten	...entzogen
angenehme Folge...	positive Verstärkung	negative Bestrafung
unangenehme Folge...	positive Bestrafung	negative Verstärkung

Die Begriffe positiv und negativ sind im hier verwendeten Sinne nicht wertend gemeint. Sie bezeichnen lediglich das Hinzukommen oder Wegnehmen einer Folge. So bieten sich folgende Möglichkeiten der Verhaltensformung mithilfe der operanten Konditionierung:

Aufbau eines Verhaltens durch	Abbau eines Verhaltens durch
positive Verstärkung	positive Bestrafung
negative Verstärkung	negative Bestrafung

Signal „Bleib" – Aufbau durch positive Verstärkung

Für den Aufbau neuer Signale verwendet man in der Regel die positive Verstärkung, denn es ist sehr effektiv, wenn das noch so geringste erwünschte Verhalten gelobt und damit positiv verstärkt wird.

Beim Training von Angsthunden spielt z. B. das Signal „Bleib" eine große Rolle. Für den Aufbau eignet sich das Lernprinzip der positiven Verstärkung optimal. Soll dein Hund lernen, für längere Zeit sitzen oder liegen zu bleiben, auch wenn du dich entfernst, nimmst du im ersten Schritt mehrere kleine Futterstücke in deine Hand. Diese fütterst du deinem vor dir sitzenden oder liegenden Hund nacheinander. Dann beendest du die Übung, indem du einen Schritt auf deinen Hund zugehst und ihm mit einem Handzeichen und z. B. dem Hörzeichen „Lauf" signalisierst, dass er aufstehen darf. Nun beginnt das eigentliche Training für das Signal „Bleib": Zunächst einmal bewegst du dich ein wenig auf der Stelle vor deinem Hund. Bleibt dieser dabei ruhig sitzen, belohnst du ihn erneut, so wird das ruhige Bleiben positiv verstärkt. Nun entfernst du dich in einem Wiegeschritt von deinem Hund, gehst dann aber sofort wieder zu ihm zurück und belohnst ihn erneut. Schritt für Schritt kannst du nun die Entfernung steigern. Bleibt dein Hund ruhig sitzen, obwohl du dich einige Schritte entfernt hast, kannst du das Hörzeichen „Bleib" sowie ein Sichtzeichen wie z. B. die senkrecht gehaltene flache Hand hinzufügen. Sollte dein Hund doch einmal aufstehen, bringst du ihn ganz ruhig wieder an die Stelle zurück, an der er bleiben sollte, und startest die Übung von vorn. Dabei verringerst du jedoch die Distanz, denn dein Hund sollte nun auf jeden Fall wieder Erfolg haben und für das Bleiben belohnt werden können. Wichtig ist, dass du beim Aufbau des Signals immer zum Hund zurückgehst, um ihn zu belohnen. Würdest du dich von deinem Hund entfernen und ihn dann zu dir rufen und belohnen, würdest du damit nicht das Bleiben, sondern das „Zum-Menschen-Kommen" verstärken. Du würdest also das Signal „Hier" trainieren. Dein Hund

Mischlingsrüde Jack soll das Signal „Bleib“ lernen, damit Moni ihn während der Angsttherapie auch einmal absetzen und sich entfernen kann.

würde so nicht lernen, ruhig sitzen zu bleiben, da er bereits in Erwartung des Rückrufs ist, um sich seine Belohnung abzuholen. Daher musst du dir beim Training immer überlegen, welches Verhalten deines Hundes du eigentlich belohnen möchtest. Beim Aufbau des Signals „Bleib“ erhält dein Hund also etwas Angenehmes, nämlich ein Leckerli, nachdem er an der Stelle geblieben ist. Somit wird er in Zukunft dieses Verhalten öfter zeigen; er hat gelernt, dass sich das Bleiben für ihn lohnt. Auch Angstverhalten kann durch positive Verstärkung aufrechterhalten werden. Hat ein Hund z. B. Angst vor Treppen, ist es für ihn eine Erleichterung und damit eine angenehme Folge, wenn er die angstauslösende Situation vermeiden kann. Das Problem dabei ist allerdings, dass er so nie die Erfahrung machen kann, dass ihm beim Betreten einer Treppe nichts Schlimmes passiert. Die Vermeidung der Angstsituation erhält damit die Angst vor Treppen aufrecht. Jedes Mal, wenn ein Hund erfolgreich die Treppe meidet, indem er einen anderen Weg findet oder umdreht, wird sich die Angst sogar noch steigern. Denn das Meiden der Treppe führt dazu, dass der Hund in seiner Annahme, die Treppe sei ein furchterregendes, gefährliches Objekt, bestätigt wird. Meideverhalten sollte daher in der Angsttherapie vermieden werden.

Jack ist brav sitzengeblieben, er bekommt von Moni zur Belohnung ein Futterstück.

Lernen durch Nachahmung

Hunde lernen auch durch Nachahmung, dies bezeichnet man als „Lernen am Modell". Wer zwei oder mehr Hunde hat, wird bestimmt schon festgestellt haben, dass diese sich Verhaltensweisen voneinander abgucken. Hervorragend funktioniert das z. B. bei Verhaltensweisen wie Buddeln, Hochspringen, also „natürlichen" Verhaltensweisen des Hundes. Komplexe Aufgaben wie das Festhalten eines Apportiergegenstandes im Sitzen dagegen schauen sich Hunde nur selten ab. Da Angstverhalten zu den natürlichen Verhaltensweisen eines Hundes gehört, also zu Verhalten, das nicht erst erlernt werden muss, kann dies ebenfalls nachgeahmt werden. Nehmen wir an, eine umweltunsichere und ängstliche Hündin bekommt Welpen. Sobald die Kleinen alle Sinne ausgebildet haben, beobachten sie die Welt und die Lebewesen um sich herum, vor allem ihre Mutter. Sehen die Welpen nun, dass ihre Mutter einen großen Bogen um jeden Menschen macht, der zu Besuch kommt und vor lauten Geräuschen im Haushalt erschrickt, ist die Wahrscheinlichkeit hoch, dass sie dieselben Ängste entwickeln werden. Sie bekommen schließlich täglich vorgelebt, wie man sich in diesen Situationen verhält und übernehmen das ängstliche Verhalten der Mutter. Sie betrachten es als angemessen für die jeweilige Situation. Relativ schnell hat man nun auch ängstliche Welpen. Aus diesem Grund ist es wichtig, dass ausschließlich souveräne, gelassene Hunde zur Zucht verwendet werden.

Kognitionstheorien

Schließlich gibt es noch die Kognitionstheorien, bei denen es vor allem um die Erwartung und Bewertung einer Situation geht. Erwartet man eine Situation, kann man auch Angst vor ihr bzw. dem Eintreten der Situation entwickeln. Tritt dagegen etwas Ängstigendes plötzlich auf, spricht man von einem Schreck.

Aus der Praxis

Mischlingshündin Mokka verkriecht sich jeden Samstag um ca. 11 Uhr unter dem Tisch im Esszimmer. Auslöser für dieses Verhalten war die Lernerfahrung, dass zu dieser Zeit der ortsansässige Schützenverein den nahe gelegenen Schießstand nutzt und Mokka vor den Schüssen kräftig erschrocken ist. Noch bevor die ersten Schüsse ertönen, fängt sie an zu zittern und zu hecheln.

Sie erwartet jeden Samstag um dieselbe Zeit eine angstauslösende Situation, bei deren Eintreten sie mit körperlichen Symptomen reagiert. Tritt ein Schuss zu einer anderen Tageszeit auf, verhält sich die Hündin ganz anders. Sie bekommt dann einen Schreck, zuckt kurz zusammen und verschwindet anschließend zwar auch kurz unter dem Tisch, aber sie zittert und hechelt nicht. Bereits nach wenigen Sekunden traut sie sich wieder unter dem Tisch hervor und ist völlig entspannt.

Stress kann auch positiv sein! Jamie freut sich auf das bevorstehende Apportieren des Dummys.

Generalisieren von Ängsten

Leider können Ängste auch generalisiert werden. Das bedeutet, dass nicht nur der ursprüngliche Reiz, der für die Angst ursächlich war, diese auslöst, sondern auch Reize, die so ähnlich sind. Ein Hund, der beispielsweise beim Spaziergang heftig erschrocken ist, als auf dem nahe gelegenen Gelände des Orchesters geprobt wurde, kann eine generelle Angst vor lauten, plötzlich auftretenden Geräuschen entwickeln. Er erschrickt künftig also nicht mehr nur vor Pauken und Trompeten, sondern beispielsweise auch vor dem Zuschlagen von Autotüren oder Donnergrollen.

Unsere Hunde lernen viel mehr im Alltag, als uns bewusst ist, und eben auch viele Dinge, die wir gar nicht beabsichtigen. Das gilt leider auch für den Erwerb ängstlichen Verhaltens. Durch unbewusste Konditionierung oder durch eigene Verhaltensweisen, an denen sich der Hund orientiert, wird ihm häufig erst beigebracht, ängstlich zu sein bzw. er wird in seiner Angst bestärkt. Wenn aber Lernen bzw. Lerntheorien beim Erwerb von Verhalten eine so maßgebliche Rolle spielen, können genau diese Theorien genutzt werden, um dem Hund ein angstfreies Verhalten beizubringen (siehe S. 113 f.).

Positiver und negativer Stress

Stress kann Angstgefühle hervorrufen und wird häufig nur negativ bewertet. Es soll jedoch nicht der Eindruck entstehen, dass Hunden unter allen Umständen Stress erspart bleiben sollte, im Gegenteil. Werden bereits Welpen in Watte gepackt und nie einer stressigen Situation ausgesetzt, können sie nicht lernen, adäquat damit umzugehen. Früher oder später werden sie jedoch Stress ausgesetzt,

Apportieren macht Spaß! Als Jagdhund liebt Jamie Jagdspiele wie das Apportieren besonders. Mit Freude rennt er immer wieder los, um das Dummy zu suchen und zurückzubringen.

Bella hält sich lieber hinter den Menschen auf. Schon zu oft war sie Opfer der rau spielenden Terrier.

was sie dann völlig überfordert. Oft reagieren sie hektisch oder hysterisch. Stress ist für die Entwicklung des Welpen zu einem souveränen, selbstbewussten Hund also durchaus sinnvoll, denn er führt zu einer aktiven Anpassung des Organismus an die jeweilige Situation. Weiterhin kann Stress auch positiv sein: Schön zu sehen ist das an Jagdhunden, die wissen, dass es gleich zur Jagd geht. Sie sind sehr aufgeregt und gestresst, im positiven Sinne des Wortes. Diese Art von Stress wirkt sich nicht negativ auf die Verfassung des Tieres aus. Die Unterscheidung zwischen positivem und negativem Stress ist also wichtig.

Stress kann also nicht nur krank machen. Neurowissenschaftler haben bewiesen, dass Stresshormone es ermöglichen, alte Nervenverbindungen aufzulösen, damit neue geschaffen werden können. Damit erfolgt ein Umbau des Gehirns zur Anpassung an die Umwelt. Stress kann damit auch zu mehr Lebensqualität führen (vgl. Specht 2015, S. 19).

Als positiven Stress, auch Eustress genannt, bezeichnet man die Stressoren, die ein Lebewesen zwar beanspruchen, sich aber positiv auswirken. Positiver Stress erhöht die Leistungsfähigkeit eines Lebewesens, ohne ihm zu schaden. Stress wird erst dann negativ empfunden (negativer Stress wird auch Disstress genannt), wenn er vom Lebewesen nicht bewältigt werden kann und deshalb als negativ und bedrohlich eingeschätzt wird. Wird ein Lebewesen dauerhaft Disstress ausgesetzt, führt dies zu einer Abnahme der Leistungsfähigkeit.

Stressoren

Zum einen können die unterschiedlichsten Objekte, Personen oder Situationen als Stressoren oder auch Stressfaktoren bezeichnet werden. Stress, den die Umwelt verursacht, ist beispielsweise ein Gewitter. Zum anderen entstehen sogenannte Soziostressoren aus dem sozialen Bereich, also aus allem, was das Zusammenleben von Hunden mit ihresgleichen oder Artfremdem angeht. Diese beiden Gründe sind wohl die häufigsten Ursachen für Stress.

Aus der Praxis

Nora Witte geht regelmäßig jeden Vormittag zusammen mit ihrem Hund Gino, ihren drei Nachbarinnen und deren Hunden eine Runde spazieren. Während sich die Frauen angeregt unterhalten, leidet Gino furchtbar. Schon bei den ersten Spaziergängen vor zwei Jahren wurde ihm durch die anderen Hunde unmissverständlich mitgeteilt, dass er sich besser woanders aufhalten sollte. Damals gab es öfter Raufereien und Streitigkeiten, aus denen Gino immer als Verlierer hervorging. Es gab zwar nie ernsthafte Verletzungen, aber Gino war psychisch in einer Situation, aus der er keinen Ausweg kannte. Seitdem versucht er sich in Anwesenheit der anderen Hunde möglichst unauffällig zu verhalten, um nicht zu provozieren. Während die anderen Hunde miteinander spielen, hält Gino sich zurück, er ist nie in ein Spiel involviert. Viel lieber würde er ganz woanders oder zumindest weit weg von den anderen laufen. Von dem Genuss, den sein Frauchen bei diesem Spaziergang empfindet, hat er selbst nichts, denn er ist nur gestresst. Nora Witte hat dieses tägliche Ritual jedoch sehr lieb gewonnen und möchte nicht darauf verzichten.

Auf dem Spaziergang mit der älteren Hündin Sara sucht die ebenfalls schon ältere Bella sofort Kontakt.

Nach kurzer Zeit entsteht bereits ein Spiel zwischen den beiden Hündinnen.

Dass ihr Hund dabei immer der Leidtragende ist und lieber ohne die anderen Hunde unterwegs sein möchte, sieht sie nicht oder akzeptiert es nicht. Leider machen viele Menschen die Folgen einer Rauferei nur am Grad der körperlichen Verletzungen fest.

Für viele Hunde bedeutet der Besuch einer Hundewiese großen Stress. Sie sind gezwungen, sich immer wieder von neuem mit vielen unterschiedlichen Hunden auseinanderzusetzen. Viel sinnvoller ist es daher, dem Hund Kontakt zu anderen Hunden zu ermöglichen, indem man sich mit einem Hund trifft, mit dem der eigene Hund sich gut versteht, sodass ein harmonischer und entspannter Kontakt erfolgen kann.

Stress spielt als physiologische Ursache von Angst eine große Rolle. Unterschätzt wird häufig die Mensch-Hund-Beziehung als Stressfaktor. Aus unklaren Verhältnissen, oder wie im Praxisbeispiel beschrieben – Ignorieren der Signale des Hundes durch den Halter –, kann eine permanente Überforderung des Hundes resultieren, die zu (Dauer)-Stress führt, woraus wiederum Angst oder erlernte Hilflosigkeit entstehen kann (siehe S. 9).

Spielverhalten als Indikator für Stress

Spielverhalten ist ein guter Indikator für Stress. Ist man dauerhaft gestresst, erhöht sich der Anteil von Cortisol im Blut, dem sogenannten Stresshormon. Übersteigt die Zahl eine gewisse Grenze, stellen Säugetiere das Spielen ein (vgl. Schöning 2001, S. 111). Natürlich darf nicht nur das Spielverhalten herangezogen werden, um auf einen dauergestressten Hund zu schließen. Viele Hunde spielen auch einfach aufgrund ihres Entwicklungsstandes weniger. Wenn ein Hund mit zweieinhalb Jahren z. B. deutlich weniger spielt als noch vor einigen Monaten, kann es auch einfach nur daran liegen, dass er erwachsen geworden ist und deshalb den Sinn fürs Spielen teilweise verloren hat. Auch erwachsene Menschen spielen deutlich weniger und ausgelassener als noch in der Kindheit! Einige Rassen wie z. B. die Retriever zeigen auch im Erwachsenenalter noch ausgeprägtes Spielverhalten, sie sind auch als erwachsener Hund eher „kindlich naiv" und gehen begeistert auf jedes Spielangebot des Menschen ein. Es ist daher wichtig, die grundsätzliche Veranlagung eines Hundes zu kennen. Erst dann können Schlüsse aus seinem Verhalten gezogen werden.

Verhalten bei Stress

Bei Stress werden verschiedene Stresshormone ausgeschüttet, die zu unterschiedlichen Verhaltensweisen führen. Wie bereits geschrieben, wird bei Stress das Stresshormon Cortisol vermehrt ausgeschüttet. Cortisol hemmt das Immunsystem, weshalb stark gestresste Hunde zu ständigen Krankheiten wie Ohrenentzündungen, Magen-Darm-Verstimmungen sowie Allergien neigen. Zudem wird das Stresshormon Aldosteron ausgeschüttet, das für die Regulation des Wasserhaushalts zuständig ist. Es wird auch bei Flüssigkeitsmangel vermehrt ins Blut abgegeben, sodass es auch das „Dursthormon" genannt wird. Dies kann dazu führen, dass der Hund sich bei Stress vermehrt lösen muss. Sogenannter „Stressdurchfall" ist wohl den meisten von euch auch aus eigener Erfahrung bekannt. Unter diesem Aspekt muss man sich jedoch das Markieren eines Hundes vor allem in einer stressigen Situation noch einmal genauer anschauen. Vielleicht lag die Intention des Hundes gar nicht im Markieren, sondern eher darin, sich Erleichterung in einer für ihn stressigen Situation zu verschaffen. Auch viele Menschen müssen kurz vor einer Prüfung häufiger auf die Toilette. In einer stressigen Situation muss man häufig schnell reagieren. Das Stresshormon Adrenalin führt dazu, dass schnell Energie bereitsteht und die Abwehrbereitschaft gesteigert wird, das Lebewesen reagiert „aggressiver". Gleichzeitig wird das Schmerzempfinden herabgesetzt. Damit das Lebewesen sofort angemessen reagieren kann, werden Stresshormone schnell ausgeschüttet, sie erreichen nach ca. 15 Minuten ihren Höhepunkt. Der Abbau dauert 0,5 bis 6 Tage! Täglicher Stress kann daher zu Dauerstress führen. Dies muss nicht nur bei der Haltung eines Hundes, sondern auch beim Angsttraining berücksichtigt werden (vgl. Specht 2015, S. 20/21).

Bellas Stress zeigt sich deutlich durch die angelegten Ohren, die nach hinten gezogenen Lefzen und das starke Hecheln.

Akuter und chronischer Stress

Eine weitere Differenzierung von Stress ist die Unterscheidung von akutem und chronischem Stress. Akuter Stress ist zeitlich kurz anhaltend, wird von Erregung begleitet und vom Bemühen, die Umwelt zu kontrollieren, wodurch eine aktive Auseinandersetzung mit dem Stressreiz erfolgt und eine Beendigung der Belastung für den Hund möglich ist. Bei chronischem Stress dagegen sind die Situationen nicht mehr kontrollierbar, das Tier wird hilflos und daraufhin krank. Der Hund hat also Möglichkeiten, mit akutem Stress umzugehen, Dauerstress ist somit das größere Problem, da es zu erlernter Hilflosigkeit führen kann. Kontrollierbarkeit einer Situation bedeutet, dass der Hund in der Lage ist, seinen Stress abzubauen. Bisherige Erfahrungswerte helfen ihm in der Regel dabei. Bleibt die Situation unkontrollierbar, weil keine Auswege gefunden werden, führt das zu Dauerstress und Depression (vgl. Tembrock 2000, S. 45).

Reaktion auf Dauerstress

Hunde können zum einen aktiv auf Dauerstress reagieren. Ein Hund, der ausschließlich im Zwinger gehalten wird, kann auf diese Haltung reagieren, indem er den ganzen Tag hin- und herläuft, ohne ausreichend Ruhepausen einzulegen. Der Deutsch Kurzhaar-Rüde Alf hatte solche Angst vor Wolken, dass er tagsüber innerhalb von 16 Stunden kaum länger als 30 Sekunden auf einer Stelle saß, geschweige denn lag. Zum anderen gibt es passive Formen, die sich eher in einem apathischen Zustand des Tieres äußern. Solche Hunde haben häufig innerlich abgeschlossen, da sie bereits mehrfach die Erfahrung gemacht haben, Situationen nicht kontrollieren zu können. Leider gelten diese Hunde oft als träge oder gar ausgeglichen. Ihre Menschen sehen keinerlei Veranlassung, etwas zu unternehmen und zu einem professionellen Hundetrainer zu gehen. Reagiert ein Hund nicht auf die Ansprache seines Menschen, ohne dass er vorher stark körperlich ausgelastet wurde, sollte man überprüfen, ob ihn eine Situation im Alltag belastet.

Neurobiologie der Angst

Mithilfe der Neurobiologie konnten vor allem in den letzten Jahren viele Vorgänge im menschlichen Gehirn erforscht werden. Bildgebende Verfahren machen sichtbar, welche Hirnbereiche bei Gefühlen wie Wut, Freude, Trauer, aber auch Angst aktiv werden. Nun muss man keine Neurowissenschaften studieren, um Angsthunde verstehen zu können. Dennoch sind einige Erkenntnisse aus diesem Bereich auch interessant für den Umgang mit Angsthunden und sollten im Trainingsaufbau berücksichtigt werden.

Für Angst entscheidend sind drei Bereiche im Gehirn. Der Hirnstamm, der das Rückenmark mit dem restlichen Gehirn verbindet, steuert die überlebenswichtigen Systeme wie Kreislauf, Atmung und Muskelkontraktionen. Auch „Notfallprogramme" wie Angriff, Flucht oder Erstarren werden vom Hirnstamm eingeleitet. In der Mitte des Gehirns befindet sich das limbische System, das u. a. für Emotionen und Gefühle zuständig ist. Die Großhirnrinde, der Cortex, umgibt das Gehirn, in welcher z. B. Informationen gespeichert werden sowie Gedächtnisleistungen wie z. B. die Spracherkennung erfolgen (vgl. Specht 2015 S. 44).

Schaltkreise der Angst

Neurowissenschaftler haben herausgefunden, dass es zwei Möglichkeiten gibt, auf einen Reiz zu reagieren. Bezeichnet werden diese als die beiden Schaltkreise der Angst (vgl. Specht 2015). Dabei gibt es einen schnellen, fehleranfälligen Weg und einen langsameren, präziseren Weg.

Im ersten Fall wird ein Sinnesreiz, wie z. B. ein plötzlich auftauchendes Objekt, an den Mandelkern, der Bestandteil des limbischen Systems ist, weitergeleitet. Handelt es sich bei dem Reiz um etwas Bedrohliches, wird sofort der Hirnstamm aktiviert und die Notfallprogramme Angriff, Flucht oder Erstarren werden eingeleitet. Daher ist ein Hund, der aus Angst flüchtet, angreift oder erstarrt, zunächst einmal nicht für Worte zugänglich. Dem Hund in dieser Situation ein Signal zu geben, macht also keinen Sinn! Auch die Nahrungsaufnahme wird vom Hirnstamm in dieser Situation übrigens nicht vorgesehen.

Zusätzlich wird die Information über den Reiz auch an die Großhirnrinde weitergeleitet. Sind dort Informationen vorhanden, die z. B. den Reiz als harmlos einstufen, wird diese Information wieder an den Mandelkern zurückgegeben. Allerdings dauert dieser zweite Weg viel länger als der erste, weshalb das Lebewesen zunächst einmal z. B. erstarrt, bevor dann wieder Entspannung eintritt. Spannend ist dabei, dass der Informationsweg über die Großhirnrinde mit jeder neuen Erfahrung mit diesem Objekt schneller abläuft. Das bedeutet nichts anderes, als dass ein Hund sich immer schneller entspannen kann, je öfter er mit dem, eigentlich ungefährlichen Reiz konfrontiert wird (vgl. Specht 2015, S. 45).

Anzeichen von Angst erkennen

Um Hunde im Umgang mit Angstverhalten unterstützen zu können, müssen wir Menschen erst einmal erkennen, dass unser Hund Angst zeigt.

Wichtig ist, die Körpersprache des Hundes lesen und deuten sowie die typischen Verhaltensweisen bei Angst erkennen und einordnen zu können. Ein Hund, der Angst hat, kann unterschiedlichste Reaktionen und Verhaltensweisen zeigen. Aus diesem Grund gibt es auch nicht „das eine Erscheinungsbild" von Angst und man kann nicht von „der Körperhaltung" des Hundes bei Angst sprechen.

Beobachtet man einen Hund in einer Angstsituation genau, kann man zudem an kleinen Veränderungen der Körpersprache sowie der Mimik und auch am Verhalten erkennen, ob die Angst des Hundes größer oder kleiner wird. Oft sind es Kleinigkeiten, die verraten, wie sich der Hund gerade fühlt. Ein angelegtes Ohr, etwas erweiterte Pupillen, eine leicht geduckte Haltung etc. Denn auch wenn es sich bei Angst um eine starke Emotion handelt, wird sie nicht unbedingt zwingend und immer extrovertiert demonstriert. In der Therapie von ängstlichen Menschen kann man sehr gezielt und genau erfragen, wie stark der Angstzustand momentan ist. Gerade weil uns diese Möglichkeit bei Hunden fehlt, ist die genaue Beobachtung von Mimik und Gestik sowie der Veränderung der Verhaltensweisen ein Muss beim Training von ängstlichen Hunden. Nur so können Entscheidungen darüber getroffen werden, ob die Situation, in der sich der Hund gerade befindet, für ihn weiter zumutbar ist oder nicht.

Martin nimmt Kontakt mit der unsicheren Mischlingshündin Reina auf, die schnell Vertrauen zu ihm fasst.

Wie der Körper auf Angst reagiert

Hormonelle Veränderungen

Bekommt ein Hund Angst, werden in seinem Organismus Vorgänge ausgelöst, die ihn dazu befähigen, schneller handeln zu können. Unter anderem tragen hierzu die Stresshormone bei, was bereits auf Seite 44 beschrieben wurde. So wird verstärkt Adrenalin im Nebennierenmark gebildet und ins Blut abgegeben. Dies führt zu einer Steigerung der Herzfrequenz und Erhöhung der Schlagkraft des Herzmuskels, sodass Sauerstoff schneller transportiert werden kann. Zudem wird das Hormon Glucagon vermehrt freigesetzt, wodurch es zum Abbau von Kohlehydrat- und Fettreserven und damit zur Erhöhung des Blutzuckerspiegels kommt. Dies bedeutet eine vermehrte Bereitstellung von Energie für die Muskulatur. Der Spannungszustand von Blasen- und Darmmuskulatur wird erhöht. Durch heftigen, ggf. unkontrollierten Harn- und Kotabsatz wird die Magen- und Darmaktivität verringert. Sämtliche Energie wird für die Bewältigung der Angstsituation bereitgestellt, der Hund wird flucht- und/oder kampfbereit. Sichtbar wird diese körperliche Alarmreaktion durch Schwitzen, Zittern, Hecheln und eine gesteigerte Blasen- und Darmtätigkeit. Was den letzten Punkt angeht, ist eine einmalige Entleerung in der angstauslösenden Situation genauso denkbar wie ein Verzögern über den Tag. Ein Hund, der über den Tag verteilt immer wieder Angstimpulse bekommt, kann körperlich auch darauf reagieren, indem sein Kot im Lauf des Tages immer breiiger wird. Setzt ein Hund morgens immer feste Kothaufen ab, abends ähnelt der Kot jedoch schon fast Durchfall, könnte das ein Zeichen dafür sein, dass der Hund von seiner Umwelt oder durch bestimmte Situationen, die an diesem Tag passiert sind, gestresst ist. Schwitzen in einer stressigen Situation kann man beim Hund oft bei der Untersuchung beim Tierarzt beobachten. Während oder nach der Untersuchung des Hundes

Balu steht entspannt und gelassen auf allen vier Pfoten. Der Kopf ist aufmerksam erhoben.

zeichnen sich häufig feuchte Pfotenabdrücke auf dem Untersuchungstisch ab. Auch starkes Hecheln lässt nicht automatisch auf warme Außentemperaturen schließen, sondern kann für eine starke Stressreaktion stehen. Mitunter kann ein Hund auch stark speicheln.

Körperhaltung und Mimik

Angst lässt sich jedoch vor allem an der Körperhaltung und Mimik des jeweiligen Hundes erkennen. Die wohl bekanntesten körpersprachlichen Signale bei Angst sind das Zittern und die eingeklemmte Rute. Zittern können Hunde jedoch auch vor Aufregung oder schlicht und ergreifend, weil ihnen kalt ist. Von einem einzelnen Symptom auf Angst zu schließen, ist also oft nicht möglich bzw. sinnvoll. Zittert der Hund jedoch und trägt seine Rute unter dem Bauch, mitunter so weit, dass die Rutenspitze Richtung Kopf zeigt, ist dies ein unübersehbares Anzeichen für Angst. Ein ängstlicher Hund möchte um jeden Preis vermeiden, zu viele Duftsignale von sich zu geben. Die Rutenbewegung und damit die Duftverbreitung werden vollständig eingestellt, zudem verhindert der Hund so, dass er im Anal- und Genitalbereich beschnüffelt werden kann. Wer in einer Situation unsicher ist, möchte nicht zu viel von sich preisgeben. Ein Hund mit eingeklemmter Rute ist mit einem Menschen zu vergleichen, der die Oberarme an den Körper drückt, damit möglichst wenig individuelle Gerüche ausströmen. Oft wird eine ängstliche Körperhaltung von einem Rundrücken begleitet. Die Wirbelsäule

Reina zeigt ihre Unsicherheit durch den abgesenkten Kopf, die hängende Rute und den ausgeprägten Rundrücken. Sie leckt sich aus Stress über die Schnauze.

beschreibt einen Bogen, der durch die Rute in ihrer Verlängerung fortgesetzt wird. Während sich also der Rücken nach oben wölbt, sind Kopf und Rute abgesenkt. Der Hund nimmt eine starre Körperhaltung ein, der Körperschwerpunkt liegt dabei hinten. Ein ängstlicher Hund ist damit immer zur Flucht bereit!

Bei Angst kann es zudem zu plötzlichem Haarausfall sowie starker weißer Schuppenbildung kommen. Diese ist insbesondere bei Hunden mit dunklem Fell gut zu beobachten. Zudem sind häufig die Nacken- und/oder Rückenhaare gesträubt. Das Aufstellen der Haare ist dabei jedoch kein bewusster Vorgang, es erfolgt bei Erregung/Aufregung. Wechselt der Hund von Fluchtverhalten zum Angriff, wird er in schnellen Bewegungen nach vorn schießen und sofort danach wieder den Rückzug antreten. Dabei kann auch ein Abwehrschnappen erfolgen, der Hund beißt in die Luft oder tackert das Gegenüber mit einem abwehrenden Biss.

Augen sprechen Bände

Bevor ein Hund in einer angstmachenden Situation eine deutliche Körperhaltung einnimmt, kann man im Kopfbereich bereits Veränderungen sehen. Allein das Gesicht bzw. der Kopf kann schon Bände sprechen. Das typische Angstgesicht zeichnet sich durch große Pupillen und große Augen aus, die Lefzen sind lang nach hinten gezogen, die Ohren

Balu schaut aufmerksam mit entspanntem Blick und aufgestellten Ohren in die Kamera.

Reina ist unsicher und zeigt dies deutlich.

Weimaraner Dora zeigt eine ausgeprägte Stressfalte.

sind hinter dem Kopf an den Nacken angelegt. Bei kurzhaarigen Hunden ist oft eine Stressfalte erkennbar. Sie erstreckt sich unter den Augen von der Schnauze schräg nach hinten bzw. unten Richtung Maulspalt. Die gesamten Gesichtszüge wirken angespannt, die Schleimhäute können blass werden. Die Augen können bei Angst entweder weit aufgerissen sein oder sich zu Schlitzen verengen, die Pupillen sind aber in jedem Fall größer als im Normalzustand. Häufig ist auch das Weiß in den Augen erkennbar.

Lautäußerungen – Bellen, Knurren, Kreischen

In Momenten, in denen Hunde Angst empfinden, können sie auch Laute von sich geben. Winseln in unterschiedlichen Lautstärken zum Beispiel oder bei großer Angst sogar Schreien und Kreischen. Je nachdem, für welches Verhalten sich ein Hund entscheidet, kann er bei Angst auch laut bellen. Entschließt sich ein Hund zum Angriff, zeigt er defensive Aggression, um sich aus einer Angstsituation zu befreien. Dieses Bellen bei defensiver Aggression ist durch eine schnelle Abfolge von Belllauten im Bereich der hohen Tonlage gekennzeichnet. Es ist fast immer mit leichten Rückwärtsbewegungen des Hundes verbunden. Sehr häufig sieht man, dass der Hund während des Bellens Kopfbewegungen von unten nach oben ausführt, der Blick geht dabei also über den nach oben gehaltenen Nasenrücken. Der Angstauslöser wird dabei zwar im Auge behalten, jedoch niemals ununterbrochen fixiert. Der Hund wendet immer wieder den Blick ab. Alternativ oder zusätzlich zum Bellen kann der Hund auch knurren.

Wichtig

Körperliche Ursachen

Viele der beschriebenen Angst-Symptome zeigen Hunde auch bei starken Schmerzen. Vor einer Angsttherapie muss also abgeklärt werden, ob eine körperliche Ursache für das Verhalten des Hundes verantwortlich ist. Gleichzeitig macht dies deutlich, welche Belastung Angst für den Körper sein kann, der Hund leidet genauso wie bei starken Schmerzen.

Konfliktvermeidungssignale

Vor allem dann, wenn es um Angst und Unsicherheit gegenüber Menschen oder Artgenossen geht, zeigen Hunde deutliche körpersprachliche Signale, die drohende Konflikte verhindern sollen. Nicht immer findet dabei auch tatsächlich ein Angriff statt, gerade in Bezug auf den Kontakt mit Menschen ist z. B. bei schlecht sozialisierten Hunden oft auch einfach ein Kommunikationsmissverständnis Ursache.

Beschwichtigungssignale

Der Hund möchte mithilfe dieser Signale die Entspannung einer angespannten Situation bewirken. Beschwichtigungssignale werden dabei vom unsicheren bzw. ängstlichen Hund gezeigt, der einen tatsächlichen oder auch nur scheinbaren Angriff abwenden möchte. Beugst du dich zum Beispiel

Gordon Setter-Hündin Soleil nähert sich aktiv beschwichtigend Martin. Mit abgesenkter Rute, rundem Rücken und leicht pfötelnd schnüffelt sie vorsichtig an seiner Hand.

freundlich über einen Hund, um diesen zu begrüßen, lächelst ihn dabei vielleicht noch an, „zeigst also Zähne", können diese Signale vom Hund als Bedrohung aufgefasst werden. Der Hund zeigt darauf starke Beschwichtigung, er versucht den aus seiner Sicht drohenden Konflikt abzuwenden.

Zu den Beschwichtigungssignalen zählt das Unterwürfigkeitsgesicht mit angelegten Ohren, nach hinten gezogenen Maulwinkeln sowie glatter Stirn. Ein kurzes Lecken mit der Zunge über das eigene Maul zeigt den Stress des Hundes. Der Hund blinzelt oder wendet den Blick oder sogar den ganzen Kopf ab. Er macht sich klein und zeigt einen Rundrücken. Die Rute ist abgesenkt. Der Hund kann dabei auch pföteln, dazu wird eine der Vorderpfoten angehoben. Im Extremfall legt der Hund sich auf die Seite oder auf den Rücken, dabei wird der Bauch gezeigt, es kann submissiv uriniert werden. Mit dieser Handlung verdeutlicht der Hund dem Gegenüber, dass von ihm keine Gefahr ausgeht. Er zeigt die leicht verwundbare Bauchdecke. Pföteln, was sich phylogenetisch aus dem Milchtritt des Welpen an Mamas Zitze entwickelt, sowie Urinieren bzw. das dadurch ausgelöste Versorgungsverhalten sollen das Gegenüber von seiner Ungefährlichkeit überzeugen, da er sich wie ein Welpe verhält.

Beruhigungssignale

Achtung, nicht jeder Hund, der den Blick oder Kopf abwendet, zeigt beschwichtigendes Verhalten und fühlt sich unsicher. Neben den Beschwichtigungssignalen gehören zu den Konfliktvermeidungssignalen auch die Beruhigungssignale. Diese werden vom souveränen Hund gezeigt, um das unsichere Gegenüber zu beruhigen. Der Hund verdeutlicht damit, dass er keinen Angriff beabsichtigt und keine Gefahr von ihm ausgeht. Genauso solltest auch du dich beim Kontakt mit einem Hund verhalten, der starke Beschwichtigungssignale zeigt. Du wendest den Kopf oder sogar den ganzen Körper ab und zeigst zunächst deutliches Desinteresse.

Als Martin sich zur Kontaktaufnahme Leni zuwendet, beginnt diese defensiv zu bellen.

Martin wendet daraufhin den Kopf und den Blick ab. Leni zeigt weiterhin Unsicherheit und großen Stress.

Nachdem Martin ruhig sitzen bleibt, traut sich Leni an seiner ausgestreckten Hand vorsichtig zu schnüffeln.

Übersprunghandlungen

Als dritte Möglichkeit, auf Konfliktsituationen zu reagieren, kann ein Hund Übersprunghandlungen zeigen. Aus Unsicherheit entsteht in vielen Situationen ein innerer Konflikt, der Hund ist zwischen zwei Antrieben hin- und hergerissen. Da der Hund in diesem Moment keine adäquate Reaktionsmöglichkeit hat, entstehen sogenannte Übersprunghandlungen wie z. B. Sich-Kratzen, Gähnen, Sich-im-Kreis-Drehen, Sich-übertrieben-Putzen. Sehr häufig zeigen Hunde dieses Verhalten, wenn wir sie aus dem Kontakt mit einem anderen Hund abrufen wollen. Einerseits haben sie gelernt, unsere Signale auszuführen. Orientiert sich ein Hund an seinem Menschen, möchte er dessen Signalen gern nachkommen. Ist der Kontakt mit dem anderen Hund jedoch gerade angespannt, kann das Weglaufen in Richtung Mensch vom anderen Hund als Flucht ausgelegt werden. Zeigt ein Hund in einem beginnenden Konflikt Schwäche, nutzt der andere dies häufig, indem er nun erst recht die Verfolgung beginnt. Hierbei handelt es sich um nichts anderes als um Mobbing. Anstatt zu kommen, wird der gerufene Hund nun also vielleicht beginnen, intensiv zu schnüffeln, sich zu kratzen etc. Spätestens jetzt solltest du unbedingt aufmerksam werden und nicht weiter auf die Einhaltung des Signals bestehen. Sobald der Konflikt entschärft ist, wird dein Hund wieder aufmerksam deinen Signalen folgen.

Werden Hunde aus dem Spiel abgerufen, sollte dies also nicht gerade dann erfolgen, wenn sich ein Konflikt anbahnt. Zudem sollten immer alle Hunde gleichzeitig zu ihren jeweiligen Menschen zurückgerufen werden, da so keine Mobbingsituation entstehen kann.

Bevor man Hunde aus einer Spielsituation abrufen kann, muss man das Abrufen separat üben. Andrea und Sarah trainieren das Abrufen bereits unter Ablenkung (Anwesenheit von Hunden).

Submissives Verhalten bei Hunden

Dein Hund begrüßt dich morgens oder wenn du nach Hause kommst mit angelegten Ohren und unten wedelnder Rute? Dann zeigt er submissives, sprich unterwürfiges Verhalten. Keine Angst! Submissives Verhalten wird von vielen Menschen mit ängstlichem Verhalten verwechselt. Dabei möchte der Hund eigentlich nur mitteilen, dass er nicht auf Streit aus ist und mit seiner Geste einfach nur „Hallo" sagen. Submissives Verhalten wird von Menschen oft negativ bewertet. So hört man hin und wieder mit einem abfälligen Unterton versehen die Bemerkung: „Der schmeißt sich vor jedem Hund auf den Rücken und lässt sich beschnüffeln. Das ist gar kein richtiger Kerl, so viel Angst, wie der hat!" Hätten diese Hunde jedoch wirklich Angst, würden sie nicht im Traum auf die Idee kommen, sich der potenziellen Gefahr so auszuliefern. Denn wer auf dem Rücken liegt, hat denkbar schlechte Karten, wenn man an Fluchtmöglichkeiten, geschweige denn an Verteidigung denkt.

Verhalten in Familienverbänden

Submissives Verhalten wird unter Hunden einer Familie beispielsweise sehr häufig gezeigt. War Mama auf der Jagd und kommt zu den Welpen zurück, laufen diese sofort aufgeregt zu ihr hin und begrüßen sie mit submissivem Verhalten. Die Welpen machen sich klein, legen die Ohren an und versuchen Mama an den Maulwinkeln zu lecken. Dabei sind sie z. T. sogar richtiggehend aufdringlich. Die Welpen zeigen mit dieser Geste respektvolles Begrüßungsverhalten, sie signalisieren zum einen ihre Freude über Mamas Rückkehr, versichern sich aber gleichzeitig, dass Mama weiterhin fürsorglich für sie da ist. Werden die Welpen noch von der Mutterhündin mit Futter versorgt, führt das Lecken der Welpen an Mamas Maulwinkel dazu, dass die Hündin zuvor aufgenommene Nahrung wieder hervorwürgt. Da diese bereits zerkleinert und leicht

Shadow nimmt submissiv Kontakt zu Martin auf, indem er versucht, ihn am Mundwinkel zu lecken.

vorverdaut ist, eignet sie sich ideal als erste Nahrung für die Welpen. Dieses unterwürfige Verhalten bleibt auch im Erwachsenenalter bestehen, auch dann noch zeigen die jüngeren den älteren Hunden gegenüber zur Begrüßung submissives Verhalten. Es ist eine Geste, die den Zusammenhalt der Familie bzw. der Gruppe stärkt. Submissives Verhalten hat also immer auch damit zu tun, dass der unterwürfige Hund das Gegenüber zu Versorgungsverhalten auffordert. Er versichert sich mit diesem Verhalten einer weiterhin guten Beziehung zum Gegenüber.

Worin unterscheiden sich die Verhaltensweisen?

Am deutlichsten lässt sich der Unterschied zwischen submissivem und ängstlichem Verhalten wohl an der Mimik des Hundes erkennen, genauer an den Augen. Ein submissiver Hund hat in der Regel keine erweiterten Pupillen. Weiterhin trägt ein submissiver Hund die Rute zwar unten, sie ist aber nicht zwischen den Hinterläufen eingeklemmt, die Spitze der Rute zeigt also nicht in Richtung Kopf. Zudem kann leicht mit der Rutenspitze gewedelt werden. Angst ist zudem von Distanzeinhaltung bzw. Distanzaufbau geprägt. Läuft ein Hund sogar noch aktiv zu anderen, um Submissivität zu zeigen, kann man auf keinen Fall von Angst sprechen.

Begrüßt dich dein Hund also mit unterwürfigem Verhalten, zeigt er damit, dass er sein Gegenüber respektiert. Er möchte sich lediglich deiner weiteren Zuneigung versichern. Deutlich ist bei dieser Geste erkennbar, dass die Aktivität dabei vom Hund ausgeht; dieser läuft also aktiv auf dich zu, während er submissives Verhalten zeigt. Reagiert ein Hund jedoch bei der Begrüßung mit stark beschwichtigendem Verhalten, bei dem er auch eher auf Distanz geht und vom Menschen leicht Abstand hält, sollte man sein Verhalten bei der Begrüßung verändern. Der Hund hat offenbar das Gefühl, er müsse eine drohende Gefahr abwenden. Dabei kann bei unsicheren, schlecht auf den Menschen und dessen Körpersprache sozialisierten Hunden schon reichen, dass der Mensch sich bei der Begrüßung dem Hund frontal zuwendet und sich zum Streicheln über diesen beugt. Aus Hundesicht sind dies alles bedrohliche Verhaltensweisen. Bei solchen Hunden solltest du daher zur Begrüßung in die Hocke gehen und dich leicht seitlich von ihm wegdrehen. Der Hund soll von sich aus entscheiden, wie nahe er Kontakt aufnimmt. Bei einigen Hunden muss man sogar vollständig auf eine Begrüßung verzichten. Schon ein Anschauen kann zu viel für den Hund sein, er legt sich auf den Rücken und uriniert. Am besten ignoriert man einen solchen Hund und wartet, bis er sich wieder an die Anwesenheit des Menschen gewöhnt hat. Nimmt der Hund von sich aus Kontakt auf, kann man diesen vorsichtig erwidern.

An dieser Stelle muss man noch einmal wiederholen, dass eine gute Sozialisierung das A und O für den Umgang des Hundes mit dem Menschen ist (siehe S. 26 ff.). Hunde mit einem solch extremen Beschwichtigungsverhalten werden in Anwesenheit des Menschen immer gestresst sein.

Windhunde haben anatomisch einen Rundrücken und wirken deshalb auf andere Hunde oft unsicher.

Bei Hunden mit kupierter Rute oder auch angeborener Stummelrute entstehen häufig Missverständnisse in der Kommunikation mit Artgenossen.

Anatomische Unterschiede

Als Sonderfälle sind noch die anatomischen Veränderungen bzw. Besonderheiten von Windhunden und Hunden mit kupierten Ruten zu nennen. Sie sind zwar nicht ängstlicher als andere, werden aber von anderen Hunden aufgrund ihres Körperbaus bzw. ihrer Körperhaltung oft als ängstlich wahrgenommen. Bei Windhundartigen liegt dieses Missverständnis an ihrem runden Rücken und der eingeklemmten Rute, die anatomisch einfach so sind, wie sie sind, und damit anderen Hunden scheinbare Ängstlichkeit signalisieren. Auch Hunde mit kupierter Rute erwecken diesen Eindruck beim Gegenüber, denn da die Rute nicht sichtbar ist, muss sie offensichtlich eingeklemmt sein. Natürlich sind aber nicht alle Hunde mit kupierter Rute bzw. alle Windhunde unsicher und zeigen dies aus ihrer Sicht auch deutlich. Doch selbst wenn der andere Hund den fixierenden Blick mit aufgerichtetem Kopf und aufgestellten Ohren bemerkt, verdeutlicht die gesamte Körperhaltung des Windhundes scheinbare Unsicherheit. Wer vorn droht und hinten die Rute einzieht, kann seine Drohung nicht wirklich ernst meinen.

Und genau das ist der Grund, warum diese Hunde hin und wieder zu Mobbingopfern werden. Sie gehen aus ihrer Sicht freundlich und selbstbewusst auf andere Hunde zu und erleben dann, dass diese sich auf sie stürzen. Denn hier scheint es sich um einen Hund zu handeln, der von sich selbst nur wenig überzeugt ist und nicht wirklich weiß, was er will. Ein ideales Opfer. Glücklicherweise sind

Windhunde hervorragende Sprinter und können sich schnell aus der Affäre ziehen, bevor es zu körperlichen Schäden kommt. Je nach Persönlichkeit des Hundes kann dieser aber durchaus Schaden erleiden. Denn aus Sicht des Windhundes bzw. des kupierten Hundes wird dieser ohne Grund und Vorwarnung von anderen Hunden attackiert. Dies kann künftig dann tatsächlich zu unsicherem Verhalten oder sogar zu Angstverhalten führen, der Hund meidet Hundekontakte und weicht ihnen jedes Mal aus.

Damit beginnt ein Teufelskreis. Denn nun zeigt der Hund stark unsicheres Verhalten, was wiederum dazu führt, dass diese Hunde nun erst recht Mobbingopfer werden. Vor allem unsouveräne Hunde suchen sich gern solche Hunde als Opfer aus. Endlich hat mal einer mehr Angst als sie! Durch das Hinterherrennen können sich diese Hunde profilieren, da sie jemanden gefunden haben, der offensichtlich noch unsicherer oder ängstlicher ist und damit zum willkommenen Opfer wird. Daher sollte man Hunde bei Begegnungen mit anderen Hunden immer erst einmal an die Leine nehmen. Erst nach Absprache beider Halter werden beide Hunde aus kurzer Distanz laufen gelassen.

Anzeichen chronischer Angst

Während die bisher beschriebenen Symptome vor allem für Momente gelten, in denen der Hund Angst empfindet, kann sich eine dauerhafte Angst, die z. B. durch mangelnde Prägung bzw. Sozialisation entstanden ist, natürlich auch über diverse andere Symptome äußern. Sie sind mit den Anzeichen von Dauerstress vergleichbar. Das heißt, dass im schlimmsten Fall das Nervensystem so stark überreizt wird, dass es aufgrund der Erschöpfung des Tieres zu seinem Tod führen kann (vgl. Brunner 1988, S. 223). Schlimme Äußerungsformen sind auch das selbstschädigende Verhalten, also das Abschlecken und Beknabbern von Körperstellen, bis hin zu starken Verletzungen. Infektionskrankheiten, chronische Darmentzündungen oder andere Schmerzsyndrome (vgl. Nathan 2000, S. 30) sind ebenfalls keine Seltenheit, da der Hund auch außerhalb der angstauslösenden oder der Traumasituation leidet. So beknabbern sich Hunde auch in scheinbar entspannten Momenten. Dieses Verhalten ist dann meist als Stressabbau zu werten, kann sich aber auch zu einer richtigen Verhaltensstörung entwickeln.

Beim Kontakt mit anderen Hunden werden Windhunde oft missverstanden.

Desmond und Cooper kennen sich gut, es entsteht ein ausgeglichenes Spiel zwischen beiden.

Die fünf „F“ des Angstverhaltens

Bei Angstverhalten spricht man von den fünf „F“, den fünf möglichen Verhaltensweisen:

- Flight = Flucht
- Fight = Kampf
- Freeze = Erstarren
- Faint = Ohnmacht
- Fiddle about = Albernheit

Im Deutschen kann man diese Begriffe mit den „fünf A“ vergleichen: Abhauen, Angreifen, Angststarre, Abschalten, Albernheit.

Grundsätzlich ist Ziel eines Hundes mit Angst Distanzvergrößerung zum Gegenüber bzw. zum angstauslösenden Objekt. Diese Distanzvergrößerung kann durch die oben beschriebenen unterschiedlichen Verhaltensweisen erreicht werden. Welches Verhalten gezeigt wird, hängt zum einen von der Persönlichkeit des Hundes, aber auch von den bisher gemachten Erfahrungen bzw. dem bisherigen Umgang mit der Angst ab. Gerade in Bezug auf defensive Aggression gilt, dass ein Hund, der gelernt hat, dass er sich mit dieser Verhaltensweise Erleichterung verschaffen kann, schnell auch in weiteren Situationen diese Strategie wählen wird. Ein Hund kann auch innerhalb einer Situation seine Strategie ändern, wenn er merkt, dass er mit einer Verhaltensweise nicht weiterkommt. Entscheidend ist dabei auch, ob sich das Gegenüber bzw. der Angstauslöser dem Hund weiter annähert.

Distanzeinhaltung

Distanzeinhaltung ist für Hunde nicht nur bei Angstverhalten wichtig. Man unterscheidet dabei zwischen der Fluchtdistanz, der kritischen Distanz sowie der Individualdistanz. Die Individualdistanz ist dabei nicht nur in Situationen mit Angstverhalten für Hunde von Bedeutung.

Individualdistanz

Hiermit bezeichnet man den Radius, den ein Lebewesen um sich herum als „Höflichkeitsabstand“ fordert. Er hängt sowohl vom Gegenüber als auch vom Gemütszustand des Hundes ab und ist abhängig von der Reizlage, der Sozialisierung, vom Territorium, den vorhandenen Ressourcen, dem sozialen Status und von der Genetik.

Fluchtdistanz

Mit der Fluchtdistanz bezeichnet man die Distanz, deren Unterschreitung beim Hund eine Flucht auslöst. Genauso wie die Individualdistanz ist sie abhängig von der Persönlichkeit des Hundes, von der individuellen Erfahrung sowie vom Territorium, in dem sich der Hund gerade befindet. In einem bekannten Territorium, in dem der Hund sich auskennt und wo er Versteckmöglichkeiten und Fluchtwege kennt, besonders also im eigenen Territorium, wird die Fluchtdistanz geringer sein als in einem unbekannten Territorium, in dem der Hund sich schon aufgrund der Unkenntnis der Territoriumsbeschaffenheit unsicher fühlt.

Mischling Mira fühlt sich bedrängt, wenn Menschen auf sie und Frauchen Sarah zukommen. Ist sie angeleint, bleibt ihr aus ihrer Sicht nur die Möglichkeit, aggressiv nach vorn zu gehen.

Kritische Distanz

Die kritische Distanz wird auch als Aggressionsdistanz bezeichnet. Sie beschreibt die Distanz, bei deren Unterschreitung Flucht in einen Gegenangriff, in Verteidigung, also defensive Aggression, umschlägt. Manchmal wird die kritische Distanz auch in Drohdistanz, bei der der Hund zunächst mit Drohverhalten reagiert, und Wehrdistanz, bei der der Hund dann zum Angriff übergeht, unterteilt. Genauso wie die Individualdistanz und die Fluchtdistanz gibt es für die kritische Distanz keine feste Größe. Sie ist wie die beiden anderen Distanzen von der Persönlichkeit des Hundes, den gemachten Erfahrungen sowie der Art der Bedrohung abhängig.

Flight – Flucht

Die Flucht ist eine der häufigsten, ersten Verhaltensweisen bei Angst. Dabei muss der Hund nicht immer direkt komplett in Panik flüchten. Im Moment der Angst zeigt sich zunächst eine Orientierungsreaktion. Dabei wendet sich der Kopf in die Richtung des Angstauslösers. Der Hund versucht zuerst einmal einzuordnen, was überhaupt los ist. Direkt danach hat er unterschiedliche Handlungsmöglichkeiten:

- Der Hund weicht aus oder springt mit einem großen Satz zur Seite.
- Manche Hunde gehen zügig ein paar Meter zurück, um sich das Ganze aus sicherer Entfernung anzuschauen.
- War der Schreck bzw. ist die Angst für den Hund groß, versucht er so schnell und so weit wie möglich vom Auslöser wegzukommen, er flieht.

Hunde, die zu Panik neigen

Panik ist ein gutes Wort, um dieses Verhalten zu beschreiben. Hunde nehmen die Umwelt hier nur sehr eingeschränkt wahr und rasen mit dem sogenannten Tunnelblick durch die Gegend. Wie mit Scheuklappen versehen, rennen sie davon und sind nur darauf bedacht, der Situation zu entkommen. Auch ein Hund, der gewöhnlich an jeder Bordsteinkante stehen bleibt, rast in diesem Zustand blind über die Straße.

Hunde, die zu dieser Strategie neigen, sollten daher nur an der Schleppleine geführt werden, ein Freilauf sollte nur in einem umzäunten Gelände erfolgen. Der Hund sollte zudem ein Sicherheitsgeschirr tragen, aus dem er sich nicht so leicht herauswinden kann. Ein verängstigter Hund kann sich auf der Flucht weit entfernen, sodass er allein nicht wieder zurückfindet.

Zudem führt das Fluchterlebnis häufig dazu, dass ein solcher Hund sich direkt nach der Flucht nicht einmal mehr dem bekannten - und hoffentlich vertrauten - Menschen nähert. Jeder Versuch, den Hund wieder einzufangen, kann dazu führen, ihn noch weiter vom Menschen und dem Gebiet, in dem er entlaufen ist, wegzutreiben. So schwer es einem auch fällt, hier hilft in der Regel nur viel Geduld. Hat man den Hund geortet, muss man sich ruhig in der Nähe aufhalten und ihm so die Möglichkeit geben, sich von selbst wieder anzunähern. Jeglicher Schritt in Richtung auf den Hund zu kann erneut zu einer Unterschreitung der durch das Erlebnis gesteigerten Fluchtdistanz führen und den Hund erneut in die Flucht treiben (siehe S. 131).

Fight – Kampf/Defensives Drohen

Die Angst eines Hundes kann sich zu defensivem Drohen steigern und gegebenenfalls auch in einer Angstaggression bzw. defensiven Aggression münden. Hunde werden dann häufig rein pauschal als aggressiv beschrieben, als ein Hund, der ohne Grund knurrt oder sogar beißt. Oft handelt es sich dabei um einen defensiv aggressiven Hund, bei dem die Gründe für sein Knurren dem Menschen nicht offensichtlich sind. Von der Körpersprache her ist der Hund auf Flucht oder Rückzug bedacht, das Körpergewicht wird auf die Hinterläufe verlagert, damit er möglichst schnell fliehen kann. Auch hier sind große Pupillen und angelegte Ohren zu erkennen. Zeitgleich werden aber häufig die Zähne gezeigt oder zumindest geknurrt. Die Maulwinkel sind weit nach hinten gezogen.

Defensives Drohen

Häufig entwickelt sich defensives Drohen aus einer Fluchtsituation heraus. Dies gilt vor allem immer dann, wenn der Hund aufgrund der Umgebung nicht weiter flüchten kann. Ein Hund, der z. B. vor dem heruntergefallenen Topf in der Küche erschrickt und als erste Reaktion darauf unter den Esstisch flüchtet, kann im nächsten Schritt mit defensiver Aggression reagieren. Der Mensch meint es in einer solchen Situation gut und möchte dem Hund in seiner Angst helfen. Der Topf wird aufgehoben und der Mensch nähert sich mit diesem dem unter dem Tisch liegenden Hund. Hält er dem Hund den Topf nun auch noch mit den Worten hin „Schau mal, das ist nur ein Topf, der tut dir doch gar nichts", kann diese Annäherung zu viel für den Hund sein. Denn sein Mensch hält ihm dabei nicht nur das gefährliche

Wird ein unsicherer Hund von anderen gejagt, kann das dazu führen, dass der Hund in Panik wegläuft.

Objekt entgegen, sondern nähert sich auch noch in bedrohlicher Körperhaltung, indem er sich nach vorn beugt und den Hund fixiert. Die kritische Distanz wird unterschritten, weiter fliehen kann der Hund nicht, da er bereits in der Zimmerecke unter dem Tisch hockt.

Damit bleibt ihm nichts anderes übrig, als defensiv aggressiv nach vorn zu schießen. Für den Menschen kommt dieser Angriff dann oftmals völlig überraschend und „wie aus dem Nichts". Schnell gilt ein solcher Hund als verhaltensgestört, da er scheinbar grundlos zugebissen hat. Der Hund zeigt dabei in der Regel ein Abwehrschnappen, er schnappt einmal zu und zieht sich danach sofort wieder zurück. Mit viel Glück für den Menschen erwischt er dabei nur das Hosenbein, mit Pech bleibt ein blauer Fleck.

Wird ein Hund aber immer weiter bedroht, kann sich das gehemmte Beißen auch in ein ernsthaftes Beißen mit schweren Verletzungen steigern. Hunde verbeißen sich in solchen Situationen allerdings nie. Da diese beschriebene Form der defensiven Aggression weder dazu dient, den „Angreifer" ernsthaft zu beschädigen, geschweige denn zu töten, macht ein Verbeißen bzw. ein Beißschütteln biologisch keinen Sinn. In diesem Moment hat die Aggression ausschließlich die Funktion, wieder ausreichend Distanz herzustellen.

Freeze – Erstarren

Eine andere Handlungsmöglichkeit, die der Hund hat, kann sich auch in einer Bewegungshemmung äußern. Diese Weigerung, sich dem angstauslösenden Reiz zu nähern, kann als Meideverhalten bezeichnet werden. Dabei hat der Hund einen sehr angespannten Körper und erstarrt fast. Grund für das Erstarren ist ursprünglich die Hoffnung, vom Raubtier übersehen zu werden, da die Augen eines Jägers am ehesten auf Bewegung ansprechen. Befindet sich ein Hund in diesem Zustand, hilft nur ruhiges Abwarten. Der Hund ist in dieser Zeit nicht in der Lage, auf Worte des Menschen zu reagieren. Auch Locken mit Futter bringt nichts, da der Körper nicht auf Nahrungsaufnahme eingestellt ist (siehe S. 45). Selbstverständlich sollte man einen Hund mit solcher Panik auch nicht dazu zwingen, weiterzugehen. Dabei ist es egal, ob Ziel der Fortbewegung eine Annäherung an den Angstauslöser bezwecken sollte oder aber ein Fortbewegen. Wäre der Hund in der Lage zu flüchten, würde er dies von sich aus tun. Befindet sich dein Hund im Freilauf, solltest du ihn nun anleinen, denn es kann immer noch irgendwann zu einer panikartigen Flucht kommen. Zudem kann deinem Hund die Leine und deine nahe Anwesenheit Sicherheit

Fame ist eine unsichere Hündin, die gegenüber fremden Menschen häufig defensive Aggression zeigt.

Nähert sich der Mensch weiter an, attackiert sie nicht, sondern ergreift schnell die Flucht.

geben. Dies gilt natürlich nur dann, wenn er sich auch in stressfreien Situationen an dir orientiert und dir vertraut. Nach Möglichkeit solltest du nun veranlassen, dass der Angstauslöser entfernt wird. Ist der Angstauslöser ein anderer Mensch oder ein fremder Hund, bittest du den Menschen, sich ruhig und langsam zu entfernen bzw. seinen Hund anzuleinen und wegzugehen. Handelt es sich um ein Objekt, bittest du einen Helfer, dieses zu entfernen. Ist kein Helfer in der Nähe, wartest du entweder ruhig ab, bis dein Hund so ansprechbar ist, dass ihr euch gemeinsam langsam aus der Situation entfernen könnt. Alternativ nimmst du deinen Hund auf den Arm und trägst ihn aus der Situation. Dies ist natürlich nur dann möglich, wenn du körperlich dazu in der Lage bist, deinen Hund zu tragen. Zudem besteht hierbei die Gefahr, dass dein Hund auf die Einengung durch das Hochheben in defensive Aggression übergeht und diese nun gegen dich richtet, auch wenn du ihm eigentlich helfen möchtest. Dein Hund muss daher im Alltag daran gewöhnt sein, getragen zu werden. Zudem muss ein uneingeschränktes Vertrauen in dich bestehen. Sollte sich dein Hund bei deiner Annäherung versteifen und noch angespannter werden, musst du von dieser Variante auf jeden Fall Abstand nehmen!

Wenn sie angeleint ist, sucht sie hinter ihrem Menschen Schutz, da sie diesem vertraut.

Flooding – Reizüberflutung

Einige Menschen versuchen in einer solchen Situation den Hund zu zwingen, sich dem angstauslösenden Reiz zu nähern, indem sie ihn hochheben und näher an den Reiz herantragen. Dadurch entsteht eine Reizüberflutung. Der Hund befindet sich sowieso schon in einer Situation, in der er nicht mehr in der Lage ist, aktiv zu handeln. Wird er jetzt noch stärker mit dem Reiz konfrontiert, kann dies dazu führen, dass er künftig auf jede Annäherung des Menschen mit offensiver Aggression reagiert. Defensives Verhalten hat sich dann in offensives Verhalten verwandelt, da der Hund bereits im Vorhinein reagiert.

Es kann durch die Reizüberflutung aber auch dazu kommen, dass der Hund sich aufgibt und in den Zustand erlernter Hilflosigkeit verfällt. Da er keine Möglichkeit hat, die Reize adäquat zu verarbeiten, gibt er sich auf.

Wenn aus defensiver Aggression offensive Aggression wird

Nicht nur durch eine Reizüberflutung kann es dazu kommen, dass ein eigentlich unsicherer, defensiv agierender Hund offensive Aggression zeigt. Immer dann, wenn ein Hund mit allen ihm bekannten Bewältigungsstrategien keinen Erfolg hat, kann sich offensive Aggression entwickeln, nach dem Motto „Angriff ist die beste Verteidigung!"

Aus der Praxis

Schäferhund Raul wird beim täglichen Freilauf auf der Hundewiese stets von den drei Mischlingshündinnen Bella, Fee und Susi gejagt. Weil es sich dabei um ein sehr einseitiges „Jagdspiel" handelt, da immer nur die drei Hündinnen Raul hinterherlaufen, spricht man auch von Mobbing. Der Rüde steckt in der „Opferrolle", weil er nie die Möglichkeit hat, auch einmal den drei Hundedamen nachzujagen. Auch wenn er sich am Ende des Jagdspiels hinlegt, sich auf den Rücken dreht und beschwichtigt, hören die Hündinnen nicht auf, ihn zu verbellen, auf ihn zu springen oder ihn zu zwicken.

Die Australian Shepherd-Hündin Nelly fühlt sich an der Leine von anderen Hunden schnell bedrängt. Die ursprünglich defensive Aggression ist in eine offensive umgeschlagen.

Weder Ignoranz noch Einfrieren führen dazu, dass die Hündinnen von ihm ablassen. Für Raul ist das eine ziemlich ausweglose Situation, er weiß sich nicht mehr zu helfen. Weglaufen hilft nicht, sich auf den Boden legen und beschwichtigen auch nicht. Erst als er aus Überforderung und „Verzweiflung" um sich beißt, lassen sie von ihm ab. Da diese Strategie funktioniert, versucht Raul nun immer schneller nach den Jagdspielen seine Opferrolle zu vermeiden und beißt zu. Wenn auch gehemmt, nutzt er seine Zähne bei den folgenden Zusammentreffen mit den Hündinnen immer häufiger. Das geht bis zu dem Zeitpunkt, an dem er sofort angreift. Das heißt, er rast auf die Hündinnen zu, sobald er sie nur irgendwo sieht, um sie in die Flucht zu schlagen. Dieses in der vertrauten Gruppe etablierte Verhalten setzt Raul nun auch häufiger bei fremden Hunden ein, sprich, er attackiert Hunde noch bevor es zu einem wirklichen Kennenlernen kommen kann. Aus ehemals defensiver ist inzwischen offensive Aggression geworden. Sie hat zwar immer noch den Ursprung der eigenen Unsicherheit von Raul, aber inzwischen vehementere Formen angenommen.

Faint - Ohnmacht

Faint bedeutet „Abschalten" oder „Ohnmächtig-Werden". Dieses Verhalten geht in der Regel mit einer Muskellähmung einher, das Tier hat die Intention, sich tot zu stellen. Bekannt ist dieses Verhalten z. B.

Für Pauli sind selbst die Reize im ruhigen Park zu viel und stellen eine Reizüberflutung dar.

von Insekten, Spinnen und Vögeln. Es soll eine Überlebensstrategie darstellen, bei der das Tier hofft, dass der Jäger das Interesse verliert bzw. gar nicht erst auf das Tier als Beute aufmerksam wird. Da bei vielen Tieren das Jagdverhalten erst dann ausgelöst wird, wenn die Beute flüchtet, scheint dies auch logisch. Bei Hunden ist ein solches Verhalten bisher jedoch nicht bekannt.

Fiddle about – Albernheit

Diese Verhaltensstrategie ist wohl den wenigsten Menschen bekannt und wird am häufigsten fehlgedeutet. To fiddle about kommt aus dem Englischen und wird übersetzt mit „Herumspielen". Dieses „Herumalbern", „Herumkaspern" oder auch „Überspielen" unsicheren Verhaltens ist dabei den meisten Menschen eigentlich aus eigener Erfahrung gut bekannt. Wird man unsicher, versucht man diese Unsicherheit durch witzige Sprüche oder albernes Verhalten zu überspielen. Beim Hund zeigt sich dieses Überspielen in scheinbarem Spielverhalten. Dieses unterscheidet sich von echtem Spielverhalten dadurch, dass der Hund sich nicht wirklich auf ein Spiel einlassen kann.

Echtes Spiel findet nur in entspannter Umgebung statt. Beide Spielpartner wissen, dass weder ein Ernstbezug besteht noch eine Endhandlung gezeigt wird. Zeigt ein Hund Spielverhalten aus Unsicherheit als Reaktion auf eine vermeintliche Gefahr, wird er daher immer die Umwelt im Auge behalten. Der Hund hüpft also um den Spielpartner herum, um dann das Spiel einmal kurz zu unterbrechen und die Umgebung abzuscannen. Die Anspannung und steigende Erregung in dieser Situation ist dabei deutlich sichtbar. Es kann aber auch dazu kommen, dass der Hund komplett überdreht. Er kommt dann nicht zur Ruhe, läuft ständig hektisch hin und her und übertreibt mit seinen scheinbaren „Spielereien", bei denen er die Spielpartner anspringt und anrempelt. Dieses Verhalten kann der Hund sowohl gegenüber Artgenossen als auch gegenüber Menschen zeigen. Dabei muss der Angstauslöser gar nicht der Mensch selbst gewesen sein. Bringt ein Mensch seinen Hund z. B. in eine Situation, die ihn überfordert, wie ein Zuviel an Reizen in einer belebten Stadt, kann sich diese Überforderung darin zeigen, dass der Hund den Menschen anspringt. Im Grunde genommen handelt es sich bei dieser Strategie also um eine Übersprunghandlung (siehe S. 54).

Nelly droht offensiv mit fixierendem Blick über den nach unten gehaltenen Nasenrücken.

Sunny droht defensiv mit dem Blick über den nach oben gehaltenen Nasenrücken.

Möglichkeiten der Therapie

Auch wenn aus einem ängstlichen Hund niemals ein selbstbewusster Hund wird, gibt es doch viele Möglichkeiten, ängstlichen Hunden den Alltag zu erleichtern.

Es gibt die unterschiedlichsten Möglichkeiten, die Angst eines Hundes zu lindern und ihm so wieder mehr Lebensqualität zu geben. Auch die Auswirkungen von Traumata lassen sich zum Teil so weit entschärfen, dass ein entspanntes Leben möglich ist.

Wer jedoch in diesem Kapitel eine detaillierte Anleitung für das Training von Angsthunden erwartet, wird enttäuscht werden. Hundetraining nach DOGS ist immer individuell und dies gilt insbesondere für das Training von Angsthunden. Keine Angst gleicht der anderen, genauso wenig wie kein Hund dem anderen gleicht. Wie bereits erwähnt, spielt bei Angst nicht nur die jeweilige Ursache eine Rolle, es muss immer auch die Persönlichkeit des Hundes, die individuelle Entwicklungsstruktur sowie die Intensität des angstmachenden Erlebnisses bzw. die Dauer des Angstverhaltens berücksichtigt werden. Hinzu kommt, dass Angst sich nicht „heilen" lässt. Angst gehört zu den natürlichen Verhaltensweisen eines Hundes. Hat ein Hund auf einen Reiz mit Angstverhalten reagiert, ist diese Verhaltensmöglichkeit im Gehirn des Hundes abgespeichert. Ob sie künftig häufiger in der gleichen Situation abgerufen wird, hängt davon ab, wie stark dieser „Weg" sich im Gehirn gefestigt hat. Dabei kann man durchaus den Vergleich mit einem viel oder wenig begangenen Weg auf einer Wiese ziehen. Gab es zuvor bereits viele andere mögliche Verhaltensweisen, wird das Angstverhalten nur als gering ausgeprägter „Pfad" angelegt, es ist eine von vielen Möglichkeiten. Hat der Hund zuvor schon mehrfach gelernt, auf diesen und ähnliche Reize mit Entspannung und Gelassenheit zu reagieren, entspricht diese „positive" Verhaltensmöglichkeit einem häufig begangenen Weg, bei dem das Gras schon gar nicht mehr vorhanden ist. Die Wahrscheinlichkeit, dass ein Hund bei erneutem Kontakt mit dem Reiz wieder Angstverhalten zeigt, ist eher gering. Neben dem ausgeprägten Weg ist der leichte Pfad der Angst kaum zu sehen.

Anders verhält es sich, wenn es zuvor noch keine anderen Verhaltensmöglichkeiten auf diesen Reiz gab. Ist kein anderer Pfad oder Weg vorhanden, ist die Wahrscheinlichkeit groß, dass der Hund nun erneut wieder diesen Pfad benutzt und Angstverhalten zeigt. Je häufiger dies erfolgt, desto ausgeprägter wird der Pfad und desto eher wird der Hund Angstverhalten auf diesen Reiz zeigen. Das gilt auch dann, wenn das Erlebnis sehr eindrücklich war.

In diesem Fall ist sozusagen direkt ein stark ausgeprägter Weg vorhanden, so als wäre nicht nur ein Mensch über eine Wiese gelaufen, sondern als hätte ein Trecker eine tiefe Furche hinterlassen, vor der alle weniger deutlichen Pfade und Wege in den Hintergrund treten. Bis hier wieder Gras wächst, dauert es lange. Das bedeutet nichts anderes, als dass man bei einem traumatischen Erlebnis, das sich fest im Gedächtnis des Hundes verankert hat, Geduld haben muss. In kleinen Schritten muss alternatives Verhalten aufgebaut und immer wieder eingeübt werden, bis der Weg des alternativen Verhaltens irgendwann ähnlich ausgeprägt ist wie die tiefe „Angstfurche" und irgendwann vielleicht sogar wieder Gras in der Furche wächst. Dennoch, eine so tiefe Furche wird, selbst wenn sie mit Gras bedeckt ist, noch sichtbar bleiben. Solche traumatischen Erlebnisse können also nicht einfach wie auf einer Festplatte „gelöscht" werden. Auch wenn neue Verhaltensmöglichkeiten das Angstverhalten überlagern, bleibt das traumatische Erlebnis doch immer tief im Gehirn des Hundes abgespeichert. Und manchmal reicht dann bereits ein kleiner Auslöser, um die scheinbar erfolgreich therapierte Angst wieder hervorzubringen. In diesem Fall muss der Hund erneut lernen, damit umzugehen. Das geht zwar häufig schneller als beim ersten Training, dennoch wird es – im Vergleich zu vielen anderen Trainingszielen – ein sehr kleinschrittiges, langwieriges und aufwendiges Training. Eine Verbesserung ist aber immer möglich, und sei sie auch noch so klein. Und genau darum geht es im Training bei Angstverhalten. Ängste gehören zum Leben dazu, sie dürfen das Leben jedoch nicht so stark beeinträchtigen, dass ein entspanntes Leben nicht mehr möglich ist. Mithilfe eines Trainings soll der Hund lernen, mit seiner Angst umzugehen und stark ausgeprägtes Angstverhalten zu überwinden.

Wichtig

Training mit Angsthunden

Ein Hundetrainer, der verspricht, aus einem ängstlichen Hund einen souveränen und selbstsicheren Hund zu machen, ist nicht seriös. Niemand kann vor einem Training sagen, wie viel Verhaltensänderung bei einem ängstlichen Hund erreicht werden kann und wie lange eine Angsttherapie dauert.

Vertrauen dem Menschen gegenüber

Um Ängste überwinden zu können, bedarf es eines enormen Vertrauens dem Therapeuten, im Falle des Hundes also dem Menschen gegenüber. In einem ersten Schritt kann es daher notwendig sein, die Beziehung zu seinem Hund zu verbessern, um dieses Vertrauen aufzubauen oder zu vertiefen. Vertrauen ist nur dann möglich, wenn der Hund das Gefühl hat, verstanden zu werden. Dazu musst du lernen, die Bedürfnisse deines Hundes zu erkennen sowie seine Körpersprache zu lesen. Gestik und Mimik sagen sehr viel über den jeweiligen psychischen Zustand des Hundes aus. Und gerade beim Training eines Angsthundes ist es wichtig, schon erste Anzeichen von Unsicherheit und Angst zu erkennen, um das Training darauf auszurichten. Ist das Vertrauensverhältnis geschaffen, bedeutet der nächste Schritt ein Generalisieren der „Angstfreiheit". Denn es ist zwar schön, wenn dein Hund in deiner Anwesenheit keine Angst mehr zeigt. Noch schöner ist es, wenn er generell die Furcht vor diesem Reiz verliert. Dazu ist Generalisierung notwendig, dein Hund muss also lernen, die Angstfreiheit auf viele unterschiedliche Situationen zu übertragen. Hier bestehen aber deutliche Grenzen, die akzeptiert werden sollten. Bei manchen Hunden sitzt die Angst so tief, dass es bereits ein großer Erfolg ist, wenn sie sich zusammen mit ihrem Menschen in dieser Situation entspannen und sich auf ihn verlassen können.

Der Mensch als vertrauensvoller Partner

Kein Hund entscheidet sich freiwillig für ein Leben bei uns – wir treffen diese Entscheidung für ihn, indem wir ihn beim Züchter auswählen oder aber als „Secondhand-Hund" bei uns aufnehmen. Damit ist es unsere Pflicht, dafür zu sorgen, dass er ein entspanntes Leben entsprechend seiner Bedürfnisse führen kann. Bevor ein Hund einzieht, müssen wir uns daher genau informieren, welche Bedürfnisse Hunde im Allgemeinen haben sowie z. B. mithilfe eines Hundetrainers herausfinden, welche Eigenschaften und welche Persönlichkeit der ausgewählte Hund im Besonderen mit sich bringt. Die Aufnahme eines Angsthundes ist dabei eine ganz besondere Herausforderung, da die Ansprüche an uns Menschen gleich viel höher sind. Je nachdem, wie stark ausgeprägt das Angstverhalten deines Hundes ist, musst du dich zunächst einmal vollkommen zurücknehmen und unter Umständen jede kleinste Bewegung und Handlung genau überdenken. Die Beziehung zum Hund muss in kleinen Schritten aufgebaut werden, damit dein Hund lernt, sich an dir zu orientieren und dir zu vertrauen. Weiterhin kann es notwendig sein, lieb gewonnene Rituale aufzugeben bzw. sich in Situationen anders zu verhalten als bisher, damit sich dein Hund beschützt fühlt. Da Ängste leider nicht von heute auf morgen verschwinden, musst du beim Training mit Angsthunden auch ein gewisses Maß an Ausdauer, Geduld und Konsequenz aufbringen. Der Erfolg einer Angsttherapie hängt wesentlich davon ab, wie du dich sowohl in der angstauslösenden Situation als auch außerhalb dieser verhältst.

Umgang mit dem Hund

Hunde sind hervorragende Beobachter, sie registrieren bereits minimale Änderungen im Verhalten von Artgenossen und auch von uns Menschen. Für eine Angsttherapie ist es daher wichtig, sich nicht nur in der angstauslösenden Situation richtig

Ein vertrauensvolles Verhältnis zu seinem Menschen hilft dem Hund auch in schwierigen Situationen.

zu verhalten, sondern auch im gesamten Alltag mit Hund souverän und vertrauensvoll zu agieren. Du musst die Entscheidungen für dich und deinen Hund treffen und ihn sicher durch ungewohnte Situationen führen. Nur so wird er sich an dir orientieren. Nimmt dein Hund dich dagegen weniger ernst und vertraut dir nicht, wird er sich kaum in einer angstmachenden Situation an dir orientieren und sich auf dich einlassen können. Deshalb ist der Aufbau von Vertrauen so wichtig.

Aufbau von Vertrauen

Ob und wie stark sich ein Hund an seinem Menschen orientiert, hängt von dessen Persönlichkeit sowie der bereits bestehenden Beziehung zwischen Mensch und Hund ab. Hunde, die zur Zusammenarbeit mit dem Menschen gezüchtet wurden, zeigen von sich aus ein großes Interesse an sozialem Zusammenhalt. Sie orientieren sich am Menschen, achten auf dessen Zeichen und Signale und überlassen ihm gern die Leitung der Familie. Dazu muss der Mensch als Familienoberhaupt natürlich die Bedürfnisse der einzelnen Familienmitglieder kennen und berücksichtigen. Er übernimmt für den Hund sozusagen die Elternrolle, indem er wichtige Entscheidungen trifft und damit für den Hund sorgt bzw. diesen durch schwierige Situationen führt. Sehr selbstständige Hunde dagegen akzeptieren diese Rolle des Menschen nicht einfach so ohne weiteres. Hat sich der Mensch nicht bereits bei seinem Welpen als souveräner Partner gezeigt, wird dieser eher eigenständige Entscheidungen treffen und sich nicht so leicht am Menschen orientieren. Auch ein Hund, der über einen längeren Zeitraum die Erfahrung gemacht hat, dass er sich auf seinen Menschen nicht verlassen kann, da dieser weder mitbekommt, wenn der Hund in Bedrängnis gerät, noch die Bedürfnisse des Hundes grundsätzlich wahrnimmt, wird sich nicht sofort am Menschen orientieren, nur weil dieser sein Verhalten aufgrund eines begonnenen Trainings auf einmal ändert.

Gerade dann, wenn der Hund sich aber innerhalb eines Trainings bei Angstverhalten auf den Menschen und das Training einlassen soll, ist es wichtig, dass diese Grundlagen einer guten Beziehung vorhanden sind.

Daher steht vor jedem Training bei Angstverhalten zunächst einmal die Analyse der Beziehung zwischen dir und deinem Hund sowie unter Umständen der Vertrauensaufbau deines Hundes in dich. Dabei musst du Geduld aufbringen, denn Vertrauen muss man sich in vielen Situationen sowie über einen längeren Zeitraum erst einmal erarbeiten!

Erkennen und Deuten der Körpersprache

Um den Beziehungs- und Vertrauensaufbau zum Hund zu fördern, ist es von entscheidender Bedeutung, die Körpersprache des Hundes lesen zu lernen. Denn nur, wenn sich der Hund von seinem Menschen verstanden fühlt, weil seine Signale richtig gedeutet werden, kann Vertrauen aufgebaut werden. Häufig wird jedoch das Ausdrucksverhalten des Hundes sehr menschlich interpretiert und das eigentliche Empfinden des Hundes damit ignoriert. Ein schönes Beispiel dafür ist das auf S. 65 beschriebene Verhalten „Fiddle about – Albernheit“. Der Mensch möchte seinem Hund eigentlich etwas Gutes tun, er möchte ihm die Möglichkeit zum Kontakt mit Artgenossen geben, um ihm so ein artgerechtes Leben zu bieten. So sucht er tagtäglich die Hundewiese auf, die von zahlreichen Hundehaltern mit dem gleichen Anliegen besucht wird. Kaum angekommen, stürmen drei, vier Hunde auf den Neuankömmling zu. Dieser kennt die Hunde nicht bzw. nicht gut und kann das Zusammentreffen daher nur schwer einschätzen. Und selbst wenn die Hunde freundlich gestimmt sind, ist es für den einen Hund nicht wirklich angenehm, wenn nun auf einmal mehrere Artgenossen in hohem Tempo direkt auf ihn zustürmen. Es entsteht also in jedem

Mischlingsrüde Toni ist grundsätzlich ein eher unsicherer Hund. In einer neuen Umgebung verhält er sich immer erst einmal vorsichtig und zurückhaltend.

Fall eine für den Hund stressige Situation. Viele Hunde reagieren auf diese eher unangenehmen Gefühle, indem sie am Menschen hochspringen. Meist erfolgt hier schon die erste Fehlinterpretation. Der Mensch deutet das Verhalten seines Hundes als Freude, er denkt, dass der Hund es kaum erwarten kann, von der Leine losgemacht zu werden, um endlich Kontakt mit seinen „Kumpeln" aufnehmen zu können. Vielleicht wird der Hund dabei aber auch erst einmal noch korrigiert, denn Anspringen zählt in der Regel zu den unerwünschten Verhaltensweisen eines Hundes. Dass eine Korrektur bei Unsicherheit keinesfalls sinnvoll ist, wird jeder leicht nachvollziehen können. Fühlt sich ein Kind verängstigt und zuppelt an Mamas/Papas Jacke, da es in die sichere Zone, nämlich auf den Arm will, wird sich am ängstlichen Verhalten des Kindes nichts ändern, wenn Mama/Papa laut schimpft, dass das Kind mit seinen dreck- oder schokoladeverschmierten Händen die Jacke beschmutzt hat. Der Hund wird nun also ausgeschimpft und mit den Worten „Du sollst doch nicht springen! Nun warte doch, ich mache dich ja gleich los!" wird die Leine des Hundes gelöst. Dieser ist nun zumindest frei und kann dem Ansturm der eintreffenden Hunde wenigstens ausweichen. Schnell erkennt der Hund, dass Flucht sinnlos ist, da die Hunde zum einen bereits viel zu nah und zum anderen in der Überzahl sind. Einige Hunde werden in dieser Situation abwehrend nach vorn schießen, was vom Menschen direkt mit Unverständnis quittiert und daher gemaßregelt wird.

Bevor die beiden Hunde frei laufen dürfen, begrüßen sich Andrea und Heidi erst einmal. Ginala und Bono warten so lange angeleint im „Sitz-Bleib".

„Musst du immer gleich aggressiv reagieren? Die sind doch alle ganz nett und tun nix …" Wieder einmal hat der Mensch die Reaktion des Hundes missverstanden und durch die Maßregelung seinem Hund gezeigt, dass er kein Verständnis für seine Gefühle und Bedürfnisse hat. Andere Hunde werden stattdessen versuchen, ihre Unsicherheit zu überspielen, indem sie anfangen, wie wild herumzuhopsen. Der Hund springt und rempelt die anderen Hunde an, hüpft hierhin und dorthin. Würde der Mensch genau hinsehen, würde er erkennen, dass der Hund ihm immer wieder einen Blick zuwirft oder die Umgebung abscannt. Er hofft, dass sein Mensch seine Not bemerkt und regulierend eingreift bzw. er sucht die Umgebung nach möglichen Alternativen ab. Ist es möglich, zu flüchten und sich zu verstecken? Kann er das Interesse der Hunde auf eine andere Situation um- und damit von sich selbst ablenken? Der Mensch denkt jedoch, alles richtig gemacht zu haben. So ausgelassen und wild hat sein Hund lange nicht mehr gespielt. Heute Abend wird er richtig schön müde und zufrieden in seinem Körbchen liegen. Also lässt er das „Spiel" einfach weiterlaufen und ignoriert damit die Gefühle und Bedürfnisse seines Hundes. Nur dann, wenn der Hund erstarrt und deutliches Angstverhalten zeigt, bemerken die meisten Menschen, dass ihr Hund sich offensichtlich unwohl fühlt. Da aber keiner der ankommenden Hunde

Nach Absprache der Hundehalterinnen werden beide Hunde abgeleint.

aggressives Verhalten zeigt, ist das Verständnis des Menschen für das Angstverhalten seines Hundes oft kaum vorhanden. Nicht selten wird das Verhalten des Hundes als übertrieben eingeschätzt, denn schließlich gibt es aus Sicht des Menschen gar keinen vernünftigen Grund, solch starke Angst zu zeigen. Daher erhält der Hund auch in diesem Fall keine Hilfe, er muss da durch. Schließlich soll er lernen, dass ihm hier nichts passiert, damit er künftig keine Angst mehr bei Begegnungen mit anderen Hunden hat. Welch fataler Fehlschluss! Zumal es nicht der Hund war, der den Entschluss gefasst hat, auf die Hundewiese zu gehen.

Im Grunde genommen lernt der Hund nur eines: Immer wenn es extern, also außerhalb der Mensch-Hund-Beziehung, ein Problem gibt, folgt daraufhin unweigerlich noch interner, beziehungsorientierter Stress. Eigentlich ist es schlimm genug, ein ungutes Gefühl zu haben. Reagiert nun auch noch die Beziehungsperson wütend, wird das ungute Gefühl nicht besser, im Gegenteil. Von Vertrauensaufbau kann hier keine Rede mehr sein. Damit ein Hund lernt, mit Situationen künftig anders (also angstfrei) umzugehen, muss also zunächst der Mensch lernen, sein Verhalten zu verändern. Erst danach wird der Fokus auf den Hund bzw. auf die Teamarbeit zwischen Zwei- und Vierbeiner gelegt.

Kein Kontakt um jeden Preis

Das heißt aber nicht, dass Hunde generell keinen Kontakt zu Artgenossen haben sollen. Dies ist ein wichtiges und grundlegendes Bedürfnis von Hunden! Dennoch kann nicht der Grundsatz gelten „Kontakt um jeden Preis!" Da kann es schon helfen, dass alle Hunde zunächst angeleint sind und erst dann frei laufen dürfen, wenn alle Mensch-Hund-Teams sich einander angenähert haben. So fällt der Erstkontakt nicht so dynamisch aus, jeder Hund kann für sich entscheiden, inwiefern er Kontakt mit den anderen Hunden aufnimmt. Der Mensch muss seinen Hund beobachten und gegebenenfalls Maßnahmen ergreifen. Auch beim Austausch mit den Hundehaltern muss der Fokus der Menschen auf die Hunde gerichtet sein. Fühlt sich ein Hund unwohl, muss der Kontakt abgebrochen oder zumindest geregelt werden.

Ein unsicherer Hund wird vielleicht im ersten Moment abseits stehen und abwartend schnüffeln und erst nach dem ersten stürmischen Begrüßen Kontakt zu einzelnen Hunden aufnehmen. In Bezug auf Hundekontakt ist es aus Sicht des Hundes daher in der Regel sinnvoller, regelmäßig zwei oder drei Hunde zu treffen, mit denen der eigene Hund sich gut versteht, sodass ein entspannter Kontakt entsteht, als ständig immer wieder neue Hunde in großen Gruppen auf der Hundewiese zu treffen.

Nach dem Ableinen warten die Hunde im „Sitz-Bleib" auf die Freigabe zum Laufen durch ihre Menschen.

Endlich, das Signal zum Freilauf – das gemeinsame Spiel kann beginnen.

Entscheidungen treffen, verantwortlich handeln

Gerade unsichere und ängstliche Hunde können mit der Aufgabe, Entscheidungen zu treffen, überfordert sein. Sie kommen selbst mit der Situation nicht klar und fühlen sich überfordert. Anstatt dass der Mensch nun aber die Führung übernimmt, muss der Hund aus seiner Sicht selbst für sich und seine Sicherheit sorgen. Und nicht nur das, viele Hunde fühlen sich nun auch noch verantwortlich für die restlichen Familienmitglieder. Denn wenn ihr Mensch, der eigentlich die Familie lenken und leiten sollte, problematische Situationen nicht erkennt, wie soll er dann für sich selbst oder für die weiteren Familienmitglieder sorgen können? Das führt zu Stress beim Hund, der die Angst nicht mindert. Erwartet der Mensch nun, dass der Hund sich im Training in Bezug auf das Angstverhalten an ihm orientiert, sind die Rollen für eine erfolgreiche Angsttherapie eindeutig vertauscht. Überspitzt formuliert: Warum sollte sich ein Hund, der sich sozusagen als Familienoberhaupt und damit Entscheidungsträger fühlt, gerade auf den verlassen, der in schwierigen Situationen niemals eine Hilfe ist? Selbst wenn sich ein Hund immer nur draußen fürchtet, macht es also durchaus Sinn, das Training in der Wohnung zu beginnen. Damit der Hund lernt, sich am Menschen zu orientieren, muss dieser aus Sicht des Hundes sinnvolle Entscheidungen treffen. Er muss das Leben des Hundes regeln, er muss sich als souveräner und selbstbewusster Partner im Leben des Hundes beweisen.

Genau das fällt vielen Menschen schwer. Sie bemerken häufig nicht einmal, wie oft im Alltag der Hund eine Entscheidung trifft, der sie sich selbst dann einfach nur noch anschließen. So kann eine erste Trainingsmaßnahme sein, über eine Woche aufzuschreiben, wer welche Entscheidungen trifft. Wer entscheidet, wann es Zeit zum Spielen, zum Schmusen oder fürs Futter wird? Der Mensch? Ganz sicher? Denn oft ist es der charmante Blick

Tink hätte zu gern ein Stück von Melanies Brötchen. Doch Melanie ignoriert ihre Hündin konsequent.

des Vierbeiners, der uns dazu bringt, ihn anzusprechen. Das leichte Vorbeistreifen des Hundes am Bein, während man auf dem Sofa sitzt, veranlasst uns, dem Hund über den Rücken zu streicheln. Der Hund steht vor der Terrassentür und man denkt „Stimmt, wir könnten eigentlich mal wieder rausgehen." Jede Situation einzeln betrachtet ist an sich nicht schlimm. In der Fülle vermitteln sie dem Hund aber, dass er der agierende Part in dieser Beziehung ist. Er trifft die Entscheidungen und der Mensch reagiert lediglich darauf. Während des Spaziergangs wundert man sich dann, warum der Hund beim Zurückrufen nur noch schnell dem anderen Hund „Hallo sagt" und dann erst kommt. Klar: Er ist es gewohnt, die Entscheidungen zu treffen. Und so trifft er auch die Entscheidung, weit wegzulaufen, anstatt sich am Menschen zu orientieren und bei diesem Sicherheit zu suchen, wenn ihn wieder die Angst überfällt. Der erste Trainingsschritt auf dem Weg zu einem entspannten Hund ist daher also eine Verhaltensänderung des Menschen. Dieser darf nicht ständig auf die Forderungen des Hundes eingehen. Der Mensch entscheidet, wann es Zeit für ein Spiel, für eine Streicheleinheit oder für die Fütterung ist. Natürlich heißt das nicht, dass ein Hund niemals den Menschen zu einem Spiel auffordern darf. Aber der Mensch entscheidet, ob er darauf eingeht oder nicht. Und die Entscheidung sollte hierbei nicht immer heißen „Na klar, ich freue mich auf ein lustiges Spiel mit dir!"

Sicherung des Territoriums

Bei unsicheren und ängstlichen Hunden kann es hilfreich sein, wenn ihre Menschen zuerst die Lage checken, bevor es dann gemeinsam auf den Spaziergang geht.

Dieses Verhalten kann man auch bei frei lebenden Hunden beobachten. Sind die Welpen in einem Alter, in dem erste Erkundungstouren anstehen, geht die Hundemutter zuerst aus dem Bau, um zu prüfen, ob „die Luft rein" ist. Nicht, dass gerade der Fressfeind Nummer eins vor der Tür steht und nur darauf wartet, sich einen der Welpen zu schnappen. Ist draußen alles in Ordnung, können die Welpen nachkommen. Anders sieht das bei der Rückkehr zum Bau aus. Hier wartet die Hundemutter, bis alle Welpen wieder in der Höhle sind. Weiß sie ihre Welpen in Sicherheit, geht auch sie hinterher.

Genauso solltest auch du den Spaziergang mit deinem Hund gestalten. Erst einmal gehst du allein nach draußen vor die Tür – dein Hund sollte das allerdings beobachten können. Entdeckst du keine für deinen Hund angstauslösenden Reize, darf er dir folgen. Das impliziert selbstverständlich, dass mit dem Spaziergang lieber noch gewartet wird, wenn die Situation draußen ungünstig scheint. Denn schließlich willst du

Beim Hinausgehen geht Melanie zuerst aus der Tür und sichert die Umgebung. Tink wartet hinter ihr.

Viele Menschen beugen sich zur Begrüßung über den Hund, was dieser als Bedrohung auffassen kann.

Unsichere Hunde sollten daher hinter ihrem Menschen warten, der den Erstkontakt zum Fremden übernimmt.

deinem Hund damit vermitteln, dass du um seine Ängste Bescheid weißt und die Umgebung diesbezüglich absichern kannst. Ist der Spaziergang beendet, schickst du deinen Hund als Erster ins „sichere" Haus, du gehst als Letzter hinein und sicherst nach außen ab.
Dieses Verhalten gilt entsprechend überall da, wo Mensch und Hund sich in fremdes und damit ungesichertes Gelände begeben. Fährst du also mit deinem Hund erst einmal ein Stück, um z. B. zum nahe gelegenen Wald zu gelangen, bleibt dein Hund zunächst einmal auf dem Parkplatz im Auto. Du steigst aus und schaust dich demonstrativ um. Dein Hund sollte dabei die Möglichkeit haben, dies wahrzunehmen. Öffnest du dazu die Kofferraumklappe, muss dein Hund natürlich gesichert sein! Erst dann forderst du deinen Hund auf, aus dem Auto zu springen.

Es geht also nicht etwa darum, dass du als Mensch immer zuerst durch eine Tür gehen sollst, wie es häufig in Erziehungsratgebern für Hunde vermittelt wird. Vielmehr ist entscheidend, wohin die Tür führt. Betreten du und dein Hund z. B. ein Kaufhaus, macht es keinen Sinn, ihn mitten ins Gemenge durch die Tür vorzuschicken.

Sicherheit vermitteln

Während des Spaziergangs kannst du dich als Mensch souverän präsentieren, wenn du vorausschauend unterwegs bist und deinen Hund nicht nur sich selbst überlässt. Du solltest eingreifen und handeln, wann immer es nötig ist, und damit deinem Hund die Verantwortung abnehmen. Dadurch verhinderst du, dass dieser glaubt, für alles zuständig zu sein und alles selbst regeln zu müssen.

Dies gilt dabei nicht nur für Kontakte des Hundes mit Artgenossen, wie es auf S. 70 ff. beschrieben ist, sondern auch für den Kontakt mit Menschen. Fühlt sich dein Hund durch einen Menschen bedrängt, weil dieser sich zur Begrüßung über ihn beugt, solltest du sofort eingreifen und den Menschen mit einem für deinen Hund deutlich sichtbaren Zeichen stoppen. Natürlich solltest du dem Fremden dann erklären, weshalb du vielleicht sogar ein wenig ruppig eingegriffen hast. Hat der Mensch Verständnis für die Bedürfnisse des Hundes, wird er sich gern die Erklärungen anhören. Danach wird er den Hund dann weniger bedrohlich begrüßen, indem er sich z. B. in die Hocke begibt und sich seitlich vom Hund wegdreht.

Je nach Situation kann der Fremde dann in die Hocke gehen und Kontakt zum Hund aufnehmen.

Abschirmen des Hundes

Auch wenn ein fremder Hund auf deinen angeleinten, unsicheren Hund zustürmt, solltest du eingreifen und handeln. Dein unsicherer Hund wird geschützt, indem du dich vor ihn stellst und den hinzukommenden Hund mit einer deutlichen Handbewegung abhältst, weiter in eure Richtung zu laufen. Dabei kannst du auch einen offensiven Schritt nach vorn machen; je überzeugender du dabei körpersprachlich auftrittst, desto eher wird der Hund daraufhin auch stoppen bzw. sich abwenden. Denn natürlich würde man genau das Gegenteil des gewünschten Effekts erreichen, wenn der fremde Hund sich trotz Abwehrbewegung des Menschen dem Hund nähert. Damit würde der eigene Hund nur erfahren, dass sein Mensch sich zwar bemüht, aber leider eben erfolglos und so den Hund nicht wirklich in einer Gefahrensituation beschützen kann. Dieses Abschirmen des eigenen Hundes kannst du übrigens auch lernen, gute Hundeschulen bieten hier ihre Hilfe an, indem dies gezielt in einem Gruppentraining geübt wird. Alternativ kannst du auch ein paar Leckerlis auf den Boden in Richtung des fremden Hundes werfen. Dies lenkt den anderen Hund meist zumindest kurz ab, sodass du dich mit deinem Hund langsam entfernen kannst.

Durch die beschriebenen Verhaltensänderungen des Menschen entsteht für den Hund ein souveräner Partner, der vertrauenswürdig erscheint. Gerade ängstlichen Hunden hilft ein Regelwerk, um sich im Leben zurechtzufinden, sich am Menschen zu orientieren und damit entspannt durchs Leben gehen zu können. Strukturen grenzen einen Hund also nicht etwa ein und werden von ihm als Strafe empfunden, es ist vielmehr das Gegenteil der Fall – sie geben dem Hund Sicherheit.

Geregelter Alltag

Unsichere und ängstliche Hunde brauchen nicht nur einen Menschen als Partner, der sie souverän durchs Leben führt und Strukturen vorgibt, an denen sie sich orientieren können, auch ein geregelter Tagesablauf gibt den Hunden Sicherheit. Wer einen unsicheren und ängstlichen Hund aufnimmt, muss sich und das Leben der gesamten Familie auf den Hund einstellen und unter Umständen auch viele Einschränkungen und Veränderungen des bisher üblichen Alltags in Kauf nehmen. Viele dieser Hunde haben in ihrem bisherigen Leben nicht viel kennengelernt bzw. hatte das Leben vollkommen andere Anforderungen an sie. In der neuen Familie angekommen, müssen sie sich nun nicht nur auf den Menschen einlassen und eng mit diesem zusammenleben, ihnen fehlt oft auch jegliches Verständnis für Spaziergänge an der Leine, Fahrten mit dem Auto bzw. für Körperpflegemaßnahmen wie Bürsten oder die medizinische Versorgung durch den Tierarzt. Dringende tierärztliche Maßnahmen müssen in jedem Fall zu Beginn erfolgen. Danach muss man dem Hund jedoch erst einmal Zeit geben, im neuen Zuhause anzukommen. Zu Beginn reicht es also, wenn er sich in Haus und Garten einlebt und sich an das Zusammenleben mit der Familie gewöhnt. Das ist oft schon Anforderung genug.

Stark verängstigte Hunde

Die Familie möchte den Hund versorgen, ihm Gutes tun, ihn verwöhnen, doch der Hund zieht sich in die hinterste Ecke zurück und möchte einfach nur seine Ruhe. Das schöne neue Körbchen mit weicher Matratze und kuscheligem Bezug, das extra für ihn angeschafft wurde, schaut der ängstliche Hund meist gar nicht an. Er hat bisher entweder in einer Ecke in einem Stall, in einem Holzverschlag oder aber in einer Höhle bzw. unter einem Treppenvorsprung geschlafen. Daher sucht ein solcher Hund meistens ähnliche Schlafplätze auf, also Plätze, die höhlenartigen Charakter haben wie z. B. ein Regalfach im Schrank. Auch eine Hundebox, die in der Ecke steht und an einer Seite offen ist, wird häufig als Schlafplatz angenommen. Der Hund fühlt sich durch den von oben und von den Seiten geschlossenen Liegeplatz sicher, er muss nur die Öffnung im Auge behalten und kann so zum ersten Mal etwas entspannen. Erst in der Nacht, wenn alle schlafen, kommt er heraus, schaut sich ein wenig um und frisst etwas Futter. Man sollte dem Hund dabei immer auch die Möglichkeit geben, den Garten oder einen Löseplatz aufzusuchen, indem man z. B. die Terrassentür auflässt. Bei so extremer Angst ist es wichtig, dem Hund die Zeit zu lassen, die er braucht. In winzigen Schritten wird er sich an das neue Leben gewöhnen. Selbst wenn man also hört, dass der Hund sich nachts umschaut, sollte man nun auf keinen Fall aufstehen, in der Motivation, den Hund jetzt endlich zu „begrüßen". Denn das wird dazu führen, dass dieser sich sofort wieder zurückzieht. Hat er jedoch die Möglichkeit, die Menschen und deren Alltag aus sicherem Abstand zu beobachten, ohne dass er ständig bedrängt wird, kann er sich Schritt für Schritt an das neue Leben gewöhnen. Dafür ist es jedoch wichtig, dass der Alltag einigermaßen geregelt abläuft. Nach einiger Zeit weiß der Hund, dass er jeden Morgen und Abend mit Futter versorgt wird. Er hat sich daran gewöhnt, dass der Familienvater jeden Morgen das Haus verlässt und am Abend erst wieder da ist. Er hat den Fernseher als unbedrohlich abgespeichert, vor dem sich die Familie abends versammelt. Alle diese Dinge, die uns selbstverständlich erscheinen, wie z. B. die regelmäßige Versorgung mit Futter, sind solchen Hunden unbekannt. Sie haben in den ersten Wochen genug damit zu tun, anzukommen und zu lernen, dass sie nicht täglich ums Überleben kämpfen und fürchten müssen.

Die Gewöhnung an den alltäglichen Ablauf und an die Menschen kann durchaus mehrere Monate dauern. Doch zum Glück gibt es so stark verängstigte Hunde nur selten.

Vorsichtig schnuppert Toni an Martins ausgestreckter Hand. Er ist stark verunsichert und traut ihm nicht.

Martin hat sich auf den Boden gelegt, um weniger bedrohlich zu wirken. Toni zeigt Interesse am Futter.

Nach einiger Zeit legt sich Toni neben Martin. Ganz entspannt beobachtet er die Umgebung und genießt das vertrauensvolle Miteinander.

Aber auch weniger stark verängstigten Hunden bietet ein geregelter Tagesablauf Sicherheit. So geht es auch uns Menschen: Wenn wir wissen, was uns den Tag über erwartet, können wir entspannt in diesen starten. Bevor du also beginnst, deinen Hund an sämtliche Außenreize zu gewöhnen und ihm jeden Tag eine „neue Attraktion" zu bieten, muss ein ängstlicher Hund erst einmal wissen, auf was er sich in seinem neuen Leben einlässt. Erst wenn der Alltag entspannt verläuft, ist es an der Zeit, den Hund an weitere Reize zu gewöhnen und ihm immer wieder mal etwas Neues zu bieten.

Routinen ja, aber nicht zu starr

Das bedeutet nun aber nicht, dass für unsichere und ängstliche Hunde alles immer bis auf die Minute genau geregelt sein muss. Vielmehr kann genau daraus ein neues Problem entstehen. Bekommt ein Hund immer um Punkt 17 Uhr seine Abendmahlzeit, gewöhnt er sich daran. Hunde haben ein gutes Zeitempfinden. So fordern auch viele nicht unsichere Hunde, die ihr Futter immer zu einer bestimmten Uhrzeit erhalten, dieses ein, wenn es mal zehn Minuten später wird. Nicht selten verzichten Menschen auf Abendeinladungen, weil der Hund noch gefüttert werden muss. Gerade unter dem Aspekt, dass auch bei frei lebenden Hunden der Hase nicht immer um Punkt 17 Uhr vor der Höhle steht, um sich fangen zu lassen, erscheint eine solche Abhängigkeit, in die sich manche Menschen begeben, sehr extrem. Daher gilt diese Regel generell für alle Hunde: Auch wenn das Leben in gewisser Weise eine Regelmäßigkeit mit sich bringt, sollte man darauf achten, die Versorgung des Hundes wie Fütterung, Spaziergänge etc. nicht immer punktgenau zur gleichen Uhrzeit durchzuführen.

Ausreichend Ruhe und Schlaf

In der heutigen Zeit haben viele Hunde ein genauso stressiges Tagesprogramm wie einige Kinder übereifriger Eltern. Morgens geht es eine Runde spazieren mit den Nachbarn und den Hunden aus dem Dorf. Für den Hund bedeutet dies, dass er nicht nur in Ruhe schnüffeln und „Zeitung lesen“ kann, sondern sich auch mit den anderen Hunden auseinandersetzen und kommunizieren muss.

Nach einer kurzen Ruhephase kommen die Kinder der Familie nach Hause. Diese lieben es, mit dem Hund herumzutollen, Bällchen zu spielen und durch den Garten zu toben.

Am Nachmittag steht dann schon das Trainingsprogramm an, zweimal die Woche zum Agilitytraining in die Hundeschule und da man ja die unterschiedlichen Bedürfnisse des Hundes erfüllen möchte, trifft man sich an den drei anderen Nachmittagen zum gemeinsamen Mantrailing.

Hunde benötigen ausreichend Ruhe und Schlaf. Rhodesian Ridgeback Carlos liebt es, mittags ganz entspannt auf seiner Decke zu dösen.

Abends ist der Vater der Familie für die Versorgung des Hundes zuständig. Und da er den ganzen Tag im Büro sitzen und arbeiten musste, freut er sich nun auf einen langen, entspannten Spaziergang ...

Wie bereits auf S. 44 beschrieben, dauert der Abbau der Stresshormone mindestens einen halben Tag, manchmal auch bis zu sechs Tagen. Ein Hund, der jeden Tag durch die vielen Erlebnisse und Aktivitäten unter Stress steht, kann somit gar nicht entspannen. Schaut man sich den Tagesablauf von wild lebenden Hunden oder Wölfen an, sieht man, dass diese nicht einmal halb so viel Aufregung haben. Man kommuniziert mit den Mitgliedern der Gruppe, die Junghunde spielen miteinander. Zwischendurch streift die Hundegruppe durch das Revier, dabei hat jeder Zeit zu schnüffeln und seiner Wege zu gehen. Ab und an geht es zur Jagd, für den Rest des Tages wird geschlafen und geruht. Natürlich soll ein Hund entsprechend seiner Veranlagungen beschäftigt werden. Dennoch ist es wichtig, dass er ausreichend Zeit hat, zu schlafen und zu entspannen. Wie viel Schlaf Hunde brauchen, ist individuell je nach Alter und Veranlagung unterschiedlich. Dennoch kann man festhalten, dass ein erwachsener, gesunder Hund etwa 17 bis 20 Stunden am Tag schlafen bzw. ruhen sollte. Und auch wenn einige Hunde richtiggehende Trainingsjunkies sind, sodass man sie jederzeit für eine Übungseinheit begeistern kann, muss man ihnen auch immer wieder die Möglichkeit geben, einfach einmal „nur Hund sein zu dürfen". Und zwar mit allem, was dazu gehört, durch eine Matschpfütze zu rasen, sich auf der Wiese zu wälzen oder ganz in Ruhe den unterschiedlichen Düften nachzugehen, die man am Wegesrand entdeckt.

Insbesondere bei einem ängstlichen Hund ist es daher umso wichtiger, dass dieser genügend Zeit hat zu entspannen. Die angstauslösenden Situationen führen zu Stress, der verarbeitet werden muss. Und gerade dann, wenn ein Training in Bezug auf das Angstverhalten begonnen wurde, darf man nicht unterschätzen, wie anstrengend dies für den Hund ist.

Das Selbstbewusstsein stärken

Unsichere Hunde trauen sich in der Regel nicht viel zu, sie sind wenig selbstbewusst. Daher musst du den Alltag deines Hundes nicht nur so gestalten, dass dieser sich beschützt und sicher fühlt, du musst immer wieder auch Möglichkeiten schaffen, in denen dein Hund eigenständig handeln kann und dabei die Erfahrung macht, dass er Situationen auch selbst bewältigen kann. Regelst du im Alltag deines Hundes immer alles und lässt ihn nie selbst etwas entscheiden, wird sich dein Hund niemals selbst etwas zutrauen. Geht dein Hund daher zwar unsicher, aber dennoch von sich aus auf einen Gegenstand zu, solltest du ihn dabei unterstützen, indem du dich zwar gemeinsam mit deinem Hund annäherst, jedoch im Hintergrund bleibst. Du bist die sichere Zuflucht, der aktive Part liegt nun aber bei deinem Hund. Hat dein Hund den Gegenstand erkundet und die Situation damit selbst bewältigt, kann er von dir dafür noch gelobt werden. Deine Begeisterung über den Mut deines Hundes darf dabei ruhig ausgeprägt sein. Natürlich mussst du dabei sicherstellen, dass der Gegenstand nicht etwa gefährlich für deinen Hund ist oder aber dein Hund beim Erkunden erneut traumatisiert und damit in seiner Verunsicherung bestärkt wird. Läuft dein Hund also z. B. zu einem wackeligen Gegenstand, der in dem Augenblick, in dem er diesen vorsichtig beschnüffelt, umkippt, ist dies mit Sicherheit nicht förderlich für das weitere Selbstbewusstsein deines Hundes. Hier musst du natürlich vorher einschreiten, deinen Hund zu dir rufen und erst einmal für Sicherheit sorgen.

Auch beim Kontakt mit Hunden oder Menschen kann das Selbstbewusstsein des Hundes gestärkt werden, indem dieser von sich aus Kontakt mit dem Gegenüber aufnimmt. Natürlich musst du auch hier zuvor dafür gesorgt haben, dass der Kontakt freundlich ausfällt. Bei der Auswahl von Beschäftigungsmöglichkeiten kann man gezielt diejenigen auswählen, die die Selbstständigkeit des Hundes fördern.

Mehr Selbstvertrauen durch Beschäftigung

Gerade bei ängstlichen Hunden steht das Thema Angst häufig im Mittelpunkt der Mensch-Hund-Beziehung. Wir möchten unserem Hund helfen; dieser soll endlich verstehen, dass seine Angst unbegründet ist, da er sich jetzt in Sicherheit befindet und ihm das beste Leben geboten wird. Das Training in Bezug auf angstauslösende Situationen ist oft sehr aufwendig. Zudem muss meist in sehr kleinen Schritten vorgegangen werden, sodass für das Training ein langer Zeitraum eingeplant werden muss. Hinzu kommt, dass wir die Angstauslöser unseres Hundes im Alltag, also wenn gerade kein Training diesbezüglich erfolgt, vermeiden müssen, da diese nicht in verminderter Form auf den Hund einwirken und damit das Angstverhalten erneut verstärkt sowie bisherige Trainingserfolge zunichte gemacht werden. Das Thema Angst bestimmt also oft den größten Teil des Tages. Daher ist es bei diesen Hunden wichtig, nicht nur über ein Training in Bezug auf die Angstauslöser nachzudenken, sondern dem Hund auch andere Beschäftigungsmöglichkeiten zu bieten, die zunächst nur zur Entspannung beitragen. Zum einen wählt man solche Beschäftigungsformen nach der Veranlagung des Hundes aus. Windhunden liegt es z. B. im Blut, schnelle Sprints mit Haken und Wendungen bei der Verfolgung von Beute durchzuführen. Was liegt da näher als ein ausgelassenes und befreiendes Hetzspiel an der Reizangel? Der Windhund kann dabei seiner Veranlagung nachgehen und sich frei und unbesorgt bewegen.

Windhunde lieben es, Beute hinterherzujagen. Daher ist das Spiel mit der Reizangel hervorragend geeignet.

Beim Signal „Dreh dich“ muss sich der Hund unter dem sich über ihn beugenden Mensch drehen. Dadurch lernt er eine unangenehme Position als angenehm kennen.

Tricktraining

Beschäftigungsmöglichkeiten können aber auch gezielt ausgewählt werden, um quasi „nebenbei“ das Training des Angsthundes zu unterstützen. So kann man mit Hunden, die unsicher im Umgang mit dem Menschen sind, z. B. ein Tricktraining aufbauen. Viele Hunde haben Spaß an kleinen Aufgaben wie Pfötchen geben oder sich im Kreis zu drehen, und auch die meisten Menschen lieben es, ihren Hunden solchen „Blödsinn“ beizubringen. Denn hierbei geht es um nichts Ernsthaftes, wie es z. B. beim Rückruf des Hundes der Fall ist, der gegebenenfalls überlebensnotwendig sein kann, oder aber beim gezielten Training in Bezug auf Angstauslöser, bei dem man in jedem Fall „einen Schritt weiterkommen will“. Lernt ein Hund einen Trick nicht, spielt das keine Rolle. Der Vorteil beim Tricktraining ist, dass unser Hund meist eng mit uns zusammenarbeiten muss und häufig gezielt Körperteile berühren oder aber Bewegungen im Zusammenhang mit dem menschlichen Körper ausführen muss. Beim Slalom durch die Beine muss der Hund z. B. unter unserem Bein herlaufen und sich eng um unsere Beine herumschlängeln. Beim Training für das Signal „Dreh dich“, bei dem der Hund lernen soll, sich einmal um die eigene Achse zu drehen, müssen wir uns mit unserem Körper über unseren Hund beugen, da wir ihn nur so mit dem Leckerli in der Hand führen können. Für schlecht sozialisierte Hunde sind diese Aufgaben eine große Herausforderung.

Fährte und Intelligenzspiele

Die Förderung des Selbstbewusstseins beim Hund kann auch im Vordergrund der ausgewählten Beschäftigungsform stehen. Beim Fährtentraining oder Mantrailen läuft der Hund an einer Fährtenleine vor uns und verfolgt die Spur. Er ist damit an vorderster Front und bestimmt den Weg, trifft Entscheidungen. Führt dies zum Erfolg, indem er selbstständig das Fährtenende findet, wird sein Selbstbewusstsein damit gesteigert. Für das Indoortraining eignen sich z. B. sogenannte Intelligenzspiele. Bei diesen Spielen wird Futter unter einer Klappe oder in einer Öffnung des Spiels versteckt. Der Hund muss nun versuchen, an das Futter zu gelangen, indem er z. B. die Klappe mit der Nase hochschiebt, eine Schublade aufzieht oder einen Deckel anhebt. Der Hund probiert zunächst aus, mit welcher Handlung er zum Erfolg kommt. Hat er es geschafft, kann man ihm förmlich ansehen, wie stolz er darüber ist, denn er macht sich meist direkt noch eifriger an die Suche nach den nächsten Futterstücken.

Die Australian Shepherd-Hündin Chica ist bereits ein richtiger Profi bei sogenannten „Intelligenzspielen“. Sofort hat sie heraus, wie sie an das versteckte Futter gelangt.

Körperliche Auslastung

Auch die körperliche Auslastung darf nicht vergessen werden. Denn Hunde brauchen nicht nur geistige Auslastung, sie müssen auch Gelegenheit haben, sich hin und wieder so richtig auspowern zu können. Hat dein Hund Vertrauen zu dir aufgebaut, kannst du auch einmal ausgelassen mit ihm über die Wiese rennen und ein gemeinsames Fangspiel ausführen. Dabei darf sich aber gerade ein ängstlicher Hund nicht bedroht fühlen.

Viele Angsthunde können beim Spaziergang nicht abgeleint werden. Im Garten und bei der Beschäftigung ist körperliche Auslastung jedoch nur begrenzt möglich. Daher kannst du auch immer mal wieder eine Runde gemeinsam mit deinem Hund joggen oder eine Fahrradtour machen. Hierbei ist dein Hund durch ein Geschirr und die Leine gesichert, kann aber dennoch so richtig Gas geben und rennen. Selbstverständlich darf er dabei nicht überfordert werden. Es kommt also nicht darauf an, möglichst viele Kilometer gemeinsam zu absolvieren. Die Länge sowie die Geschwindigkeit müssen immer individuell an den Trainingsstand und die körperlichen Möglichkeiten des Hundes angepasst werden.

Ist ein Hund so ängstlich, dass er draußen kaum spazieren geführt werden kann, geschweige denn sich auf eine Beschäftigungsform einlässt, kannst du das Training auch erst einmal in bekannter, für deinen Hund sicherer Umgebung aufbauen, wie z. B. im umzäunten Garten. Hier kannst du z. B. mit deinem Hund vielseitige Apportierübungen durchführen oder einen kleinen Agility-Parcours aufbauen. Wer keinen Garten hat, bzw. immer dann, wenn selbst der Garten einen zu starken Reiz für den Hund bedeutet, beginnt das Training „Indoor" in der Wohnung. Auch hier gibt es viele unterschiedliche Möglichkeiten, den Hund zu beschäftigen, sei es durch Futtersuche, Tricks wie z. B. Pfötchen geben, Rolle und Verbeugung oder das Bewältigen kleiner Hindernisse wie z. B. das Durchlaufen eines Slaloms aus PET-Flaschen.

Apportieren

Wie auf S. 111 ff. beschrieben, nutzt man für das Training in Angstsituationen häufig ein Alternativverhalten. Der Hund lernt, anstelle von Flucht aufgrund von Angst, Annäherung aufgrund einer Beschäftigungsform zu zeigen. Dazu eignet sich entweder die Futtersuche, bei der der Hund lernt, in Richtung des angstauslösenden Reizes geworfene Futterstücke zu verfolgen. Je verführerischer der Hund das Futter dabei findet, desto eher wird er

Gemeinsames Joggen bietet eine gute Möglichkeit, den Hund körperlich auszulasten.

Martin versteckt den Futterbeutel für Akira hoch im Baum in einer Lücke der Baumrinde. Akira darf dabei zuschauen.

Martin fordert Akira auf, den Futterbeutel aus dem Baum herauszuholen, indem er mit der Hand in die Richtung zeigt.

sich auf die Futtersuche einlassen. Beutemotivierte Hunde lieben Apportierspiele, die sich ebenfalls ideal für das Training angstauslösender Situationen eignen. Anstatt vor einem angstauslösenden Reiz zu fliehen, rennt der Hund der in Richtung des Reizes geworfenen Beute hinterher, um diese aufzunehmen und zu seinem Menschen zurückzubringen. Bevor ein Alternativverhalten jedoch beim Training in angstauslösenden Situationen eingesetzt werden kann, muss der Hund dieses zuvor in entspannter Umgebung erlernen und zuverlässig ausführen. Daher macht es Sinn, einem ängstlichen Hund entweder die Futtersuche oder aber das Apportieren vorab beizubringen.

Aufbau des Trainings

Damit ein Hund lernt, einen Gegenstand zum Menschen zurückzubringen, muss man zunächst einmal herausfinden, welchen Gegenstand der Hund besonders toll findet. Mögliche Apportiergegenstände sind z. B. Bälle, Stofftiere, mit Fell versehene Gegenstände wie Felldummys oder auch der Futterbeutel. Zu Beginn nimmt man den Gegenstand in die Hand und macht den Hund darauf aufmerksam. Ist dieser noch nicht so inter-

Akira fasst den Futterbeutel mit dem Maul und bringt ihn sicher nach unten.

Akira muss sich strecken, um an die Schnur des Beutels zu gelangen und ihn daran herunter zu ziehen.

essiert, kann man den Gegenstand auch ein paarmal vor dem Hund hin und her bewegen, sodass er hinterherspringt und versucht, diesen zu fangen.

In dem Augenblick wirft man den Gegenstand ein Stück weg, anfangs aber bitte noch nicht zu weit. Der Hund sollte dabei an einer am Geschirr befestigten Schleppleine gesichert sein, damit er nicht mit dem Gegenstand weglaufen kann. Hat der Hund den Gegenstand im Maul, lockt man ihn, indem man sich z. B. hinhockt oder ein paar Schritte rückwärtsgeht. Kommt der Hund in Richtung des Menschen, wird er gelobt, die Schleppleine wird dabei verkürzt. Im Tausch für den Gegenstand erhält der Hund nun ein besonders leckeres Stück Futter. Nach einigen Wiederholungen kann man nun noch ein Signalwort hinzufügen, wie z. B. das Wort „Bring". So verknüpft der Hund das Apportieren mit diesem Wort und wird später immer dann loslaufen und den zuvor geworfenen Gegenstand bringen.

Mithilfe des Apportiertrainings kann man zudem das Selbstbewusstsein des Hundes steigern. Dazu macht man die Aufgaben schrittweise immer schwerer, sodass der Hund selbst kreativ werden muss, um an den Apportiergegenstand zu gelangen. So kann man den Gegenstand in Büsche oder Bäume hängen, unter Erde oder Laub verbuddeln oder ins Wasser werfen.

Stolz, die anspruchsvolle Aufgabe gelöst zu haben, bringt Akira den Futterbeutel auf direktem Weg zu Martin.

Martin öffnet den Futterbeutel und lässt Akira zur Belohnung daraus fressen.

Verhalten in angstauslösenden Situationen

Im Umgang mit Angstsituationen muss der Mensch dem Hund zeigen, dass er Verständnis für dessen Gefühle hat und ihm hilft, durch diese Situationen zu gelangen. Hat ein Hund z. B. Angst vor flatternden Objekten, wird er erschrocken zur Seite springen, wenn auf einmal eine Plastiktüte am Wegesrand aufwirbelt. Manchmal reicht auch der Anblick einer Bank, die groß und dunkel im Hintergrund erkennbar ist, aus, um Panik beim Hund auszulösen.

Angstauslösende Objekte

Im Bogen vorbei

Anstatt nun frontal auf die Bank zuzugehen und den Hund, der viel lieber einen Bogen um das vermeintlich gefährliche Objekt machen möchte, hinter sich herzuziehen, kann man von sich aus rechtzeitig einen Bogen einleiten. Damit signalisiert man dem Hund: „Ich kenne deine Ängste und nehme sie ernst. Wir kommen aber beide an dem Ding in sicherem Abstand vorbei."

Vermittelt man dem Hund dadurch nun aber nicht, dass man ebenfalls Angst vor der Bank hat? Nein! Denn die Körperhaltung und das Tempo sollen während des Bogenlaufens nicht verändert werden. Würde der Mensch nun plötzlich in schnellem Tempo laufen und sich dabei sogar noch etwas ducken, könnte das vom Hund in der Tat als Angst interpretiert werden, genauso wie ein Drosseln des Tempos als Zaghaftigkeit ausgelegt werden könnte. Bleibt man jedoch aufrecht und ruhig, verschafft der Abstand zur Bank Entspannung und Erleichterung. Der Hund muss dabei jedoch noch in der Lage sein, dem Menschen zu folgen. Zerrt man den Hund in dieser Situation hinter sich her und an der Bank vorbei, ist er aufgrund des gestiegenen Stresspegels sowieso nicht mehr in der Lage, die Ungefährlichkeit des Gegenstandes zu erkennen. Beim Bogenlaufen wird der Hund so geführt, dass der Mensch sich zwischen der Bank und dem Hund befindet. Der Mensch fungiert sozusagen als Puffer.

Manchmal reicht bei Milo eine einfache Parkbank, um Angstverhalten auszulösen.

Aus diesem Grund sollte man dem Hund beibringen, sowohl an der linken als auch an der rechten Seite des Menschen geführt zu werden. Der Hund muss dabei nicht eng „bei Fuß" laufen, also dicht am Bein des Menschen kleben. Vielmehr sollte man den Hund den Abstand zwischen sich und der Bank selbst wählen lassen. Handelt es sich bei dem angstauslösenden Gegenstand um ein bewegliches Objekt wie eine Plastiktüte, kann diese z. B. aufgrund eines Windstoßes auf einmal bedrohlich näher kommen. Jetzt ist der Mensch in der ersten Reihe und folglich auch derjenige, der sich zuerst darum kümmert. Auch hierbei wird so der Hund aus der Verantwortung genommen. Und wer weniger Verantwortung hat, ist weniger gestresst und deswegen auch empfänglicher für Lernprozesse.

Absitzen lassen

Eine andere Möglichkeit besteht darin, den Hund in einer Distanz vor dem angstauslösenden Objekt absitzen zu lassen, in der er noch keinen Stress zeigt. Dazu muss er natürlich zuverlässig das Signal „Bleib" erlernt haben (siehe S. 38). Sollte der Hund dieses Signal noch nicht zuverlässig beherrschen, kann man ihn auch an einem Baum oder Pfosten anbinden. Allerdings muss man dann sicherstellen, dass sich das angstauslösende Objekt keinesfalls dem angebundenen Hund nähert, da dieser nun nicht mehr ausweichen kann. Ist man zu zweit unterwegs, kann auch der Partner den Hund in dieser Zeit halten. Der Mensch geht nun allein zur Bank oder Plastiktüte und inspiziert diese. Dabei darf man es jedoch nicht übertreiben! Es ist nicht Sinn der Sache, die Tüte noch drei Mal in die Luft zu werfen oder laut auf die Bank zu klopfen. Diese Maßnahmen könnten den Hund zu stark ängstigen. Wartet der Hund unangeleint im Signal „Bleib", kann er nun freigegeben werden. Dabei darf man dann aber nicht den Fehler machen und den Hund zur Bank bzw. Plastiktüte locken. Man bleibt abwartend stehen oder setzt sich im Fall der Bank auf diese. Nähert sich der Hund, gibt man ihm die Zeit, die er braucht. Vielleicht traut er sich sogar ganz ran und schnuppert die Bank bzw. Plastiktüte ab. Dies muss aber nicht zwingend erfolgen. Denn schließlich hat der Mensch das Objekt bereits untersucht und als ungefährlich eingeordnet. Daher ist aus Sicht des Hundes keine zweite Kontrolle notwendig. Der Hund darf also auch einfach an dem Objekt vorbeigehen und den Spaziergang fortsetzen. Vielleicht macht er dabei sogar noch einen leichten Bogen, auch das ist erlaubt.

Der Hund entscheidet selbst, wie nah er sich an das angstauslösende Objekt herantraut. Ist der Hund angebunden, wird er nun abgeleint, und Mensch und Hund setzen den Spaziergang fort. Dabei verhält sich der Mensch wie bereits beschrieben, er überlässt dem Hund die Entscheidung, mit dem Gegenstand Kontakt aufzunehmen oder aber diesen zu ignorieren. Jeder Hund hat beim Training von Angstverhalten sein eigenes Tempo, auf das man Rücksicht nehmen muss.

Daniela führt Milo auf der zur Bank abgewandten Seite, sodass sie als Puffer fungiert.

Durch diese Handlungen vermittelt der Mensch dem Hund, dass er nicht blind und taub ist, sondern sehr wohl Gefahrenmomente erkennen kann. Und nicht nur das! Nach dem Erkennen der Gefahr bleibt er trotz allem sicher in seinem Verhalten und kümmert sich um den Reiz. Sehr häufig laufen Hunde nach einem solchen Erlebnis eng bei ihrem Menschen, sie „himmeln" ihn sozusagen an. Verhält man sich nun in vielen vergleichbaren Situationen genau so, wird sich der Hund immer mehr auf seinen Menschen verlassen. Anstatt also beim Anblick eines angstauslösenden Objekts das Weite zu suchen, kann er nun erst einmal abwarten und beobachten, ob der Mensch nicht die Sache für ihn regelt.

Es geht wie gesagt darum, als eine Art von Beschützer zu fungieren. Der Hund soll lernen, dass die Welt trotz Angstauslöser in Ordnung ist, wenn seine Bezugsperson anwesend ist. Denn diese zeigt keine Angst, kann Situationen richtig einschätzen und hat alles unter Kontrolle.

Heranführen an angstauslösende Situationen?

Möchte man den Hund durch Locken an eine angstauslösende Situation heranführen, kann dies unter Umständen zu einem Vertrauensbruch führen, falls der Hund doch noch erschrickt. Versucht man z. B. den Hund bei Feuerwerk mit Futter oder per Stimme auf den Balkon oder in den Garten zu locken, woraufhin er sogar skeptisch ein paar Schritte folgt, hat man nichts gewonnen, wenn ausgerechnet dann der nächste laute Knall ertönt, auf den der Hund erneut erschrickt. Im Gegenteil: Der Hund hat eher die Erfahrung gemacht, dass dem Menschen, wenn dieser versucht, ihn zu etwas zu überreden, besser nicht zu trauen ist. Zudem verhält sich der Mensch seltsam, er ist aufgeregt und versucht alles, um den Hund zu überzeugen, zu ihm zu kommen. „Komm doch mal her, das ist nur eine Parkbank. Die tut dir doch gar nichts. Die ist doch gaaanz lieb!" Fängt

Milo wird in einiger Entfernung zur Bank abgelegt und Michaela schaut sie sich genauer an.

Danach setzt sie sich auf die Bank und Milo darf selbst entscheiden, ob er kommen möchte oder nicht.

Milo vertraut Daniela und kommt zu ihr. Erleichtert bleibt er in ihrer Nähe und kann sich direkt neben der bisher unheimlichen Parkbank entspannen.

der Mensch jetzt auch noch an, sich mit der Parkbank zu beschäftigen, indem er diese streichelt oder sogar umarmt, wird es für den Hund ganz bizarr. So hat er seinen Menschen im Umgang mit Gegenständen noch nie erlebt. Das hat aus seiner Sicht nichts mit Souveränität zu tun. Der Hund ist durch das Verhalten seines Menschen, der sich vollkommen anders verhält als sonst im Alltag, noch weiter verunsichert und meidet die scheinbare Gefahr daher noch mehr. Deshalb ist es sinnvoller, für den Hund da zu sein, ihm die Möglichkeit zu geben, Sicherheit und Schutz zu suchen, und das Angstverhalten erst einmal zu ignorieren. Die Betonung liegt auf „erst einmal"! Denn nur damit erreicht man noch keine großen Trainingserfolge. Gleichzeitig kann man außerhalb der Angstsituationen, also in einem entspannten Umfeld, eine Alternative zum Angstverhalten aufbauen. Später wird dann dieses sogenannte Alternativverhalten nach und nach in kleinen Schritten in die angstauslösende Situation integriert.

Ängstliches Verhalten ignorieren

Doch wie soll man das Angstverhalten des Hundes nun eigentlich ignorieren? Damit ist natürlich nicht gemeint, den Hund komplett zu ignorieren, also nicht mit ihm zu sprechen oder ihn anzufassen. Soziale Isolation fasst ein Hund als Strafe auf, und wie bereits besprochen bringt es nichts, Angstverhalten zu bestrafen. Zudem wird durch Sozialkontakt mit einer Vertrauensperson Oxytocin freigesetzt. Dieses sogenannte „Kuschelhormon" begünstigt die Entspannung des Lebewesens. Anstatt nach draußen auf den Balkon zu gehen, sich das Feuerwerk anzuschauen und den Hund damit mit seiner Angst allein zu lassen, sollte der Mensch zum Hund hineingehen und diesem damit die Möglichkeit bieten, bei ihm Schutz zu suchen. Legt sich der Hund nun ganz nah zum Menschen, darf dieser den Hund gern auch streicheln und kraulen. Allerdings gibt es diesbezüglich eine Voraussetzung: Der Hund

Carlos hat ein Geräusch gehört, das ihn aufgeschreckt hat.

Birgit geht zum Fenster und schaut, was draußen los ist.

muss diese Form der sozialen Aufmerksamkeit auch aus anderen, entspannten Situationen kennen. Denn nur dann kann er das Verhalten als normal und beruhigend abspeichern. Aber das sollte ja in den seltensten Fällen ein Problem sein …

Wichtig ist auch, dass der Mensch lediglich das Angstverhalten des Hundes ignoriert, jedoch nicht den Angstauslöser! Der Mensch muss dem Hund signalisieren, dass er den angstauslösenden Reiz ebenfalls bemerkt hat, ihn aber nicht für bedrohlich hält. Dies sollte auf eine möglichst ruhige, gelassene Art passieren. Denn möchte man die Möglichkeit der Stimmungsübertragung nutzen, bringt es in diesem Moment wenig, genauso gestresst wie der Hund zu sein. Das ist oft leichter gesagt als getan. Doch auch der Mensch kann dies durch regelmäßiges Üben lernen. Im Fall des Hundes mit der Angst vor Feuerwerk könnte es schon genügen, wenn der Mensch ans Fenster oder auf die Terrasse tritt, in den Himmel guckt und dann gelassen wieder ins Haus kommt, um seinen alltäglichen Pflichten nachzugehen. Zusätzlich könnte er, wenn möglich, den Reiz mildern, also z. B. entspannt und ruhig die Jalousien herunterlassen. Würde der Mensch das Feuerwerk ignorieren, kann der Hund zu der Annahme gelangen, dass sein Mensch blind und taub ist. Wie kann es sein, dass er ein so außergewöhnliches Ereignis, das der Hund sowohl visuell als auch akustisch und olfaktorisch wahrnimmt, nicht bemerkt? Und wie soll man sich auf einen Menschen verlassen, sich an ihm orientieren, ihm vertrauen, wenn dieser die Angstauslöser des Hundes nicht einmal wahrnimmt, also offensichtlich körperlich stark eingeschränkt ist? Das Angstverhalten des Hundes wurde in diesem Fall also ignoriert,

Als sie versucht, Carlos zum Fenster zu locken, flüchtet er.

gleichzeitig hat man ihm aber rein körpersprachlich vermittelt, dass man die bunten Lichter am Himmel auch bemerkt hat, diese aber so uninteressant findet, dass man sich getrost wieder hinsetzen und Zeitung lesen kann. Wird der Hund panisch, bringt es natürlich wenig, dieses Verhalten zu ignorieren. In diesem Fall sollte man so zügig wie möglich die angstverursachende Situation verlassen und dem Hund die Möglichkeit geben, sich zu beruhigen.

Umgang mit panischen Angstreaktionen

Was also tun, wenn der Hund bei Feuerwerk auf der Suche nach einem Unterschlupf bereits panisch durch die Wohnung läuft? In dieser starken emotionalen Regung nimmt der Hund vermutlich nicht mehr wahr, dass sein Mensch ganz gelassen zum Fenster schlendert und die Vorhänge zuzieht. Es schadet sicher nicht, dies trotzdem zu tun, zumal damit der Reiz gemildert wird. Gleichzeitig sollte dem Hund aber eine Sicherheitszone geschaffen werden, in die er sich zurückziehen kann. Das kann vom Kleiderschrank über die Badewanne bis zu einer speziellen Hundebox alles sein. Zum Beispiel auch das Bett seines Menschen, wenn es denn das ist, was in dieser Situation noch am ehesten Schutz bietet. Viele Hunde ziehen sich in einer solchen Situation gern in eng umschließende Umgebungen zurück. Fördern kann man dies, indem man zuvor im entspannten Alltag den Hund an eine Hundebox gewöhnt und diese als alltäglichen Liegeplatz etabliert. Doch nicht immer stimmen die Vorstellungen eines ängstlichen Hundes über einen sicheren Liegeplatz mit denen des Menschen überein. Der Hund sollte daher in keinem Fall in einer Angstsituation auf einen bestimmten Liegeplatz gezwungen werden. Der Mensch wartet ab, welchen Ort der Hund aufsucht.

Vertraut der Hund dem Menschen bereits, wird dieser häufig seine Nähe suchen. Auch jetzt soll dem Hund jedoch kein Körperkontakt aufgezwungen werden. Vor allem einengende Situationen führen eher zu mehr Stress und im schlimmsten Fall sogar zu einer defensiven Aggression. Einfach nur da zu sein, reicht in der Regel schon aus. Sucht der Hund Körperkontakt, dann darf dieser natürlich auch zugelassen werden. Viele Hunde lehnen sich in einer solchen Situation z. B. gern gegen die Beine oder legen sich mit dem Rücken eng an den Menschen.

Ruhig kommt sie zurück und zeigt so, dass keine Gefahr droht.

Erst, als sie ihn ignoriert, kommt er zu ihr und sucht Schutz.

Die eher unsichere Rhodesian Ridgeback-Hündin Abbey bleibt lieber in Martins Nähe, während die selbstbewusste Terrier-Mischlingshündin Emma gern vorn läuft.

Ein anderer Hund als Therapeut?

Bei einem ängstlichen Hund kann nicht nur der Mensch als Therapeut wirken, sondern auch ein anderer Hund. Dieser Gedanke kommt vielen Menschen sehr schnell, meist sogar schneller als der Gedanke an eine Angsttherapie. Für die meisten Menschen ist klar, dass eine Therapie immer viel Arbeit, Konsequenz, langes Durchhaltevermögen sowie vor allen Dingen Veränderungen beim Menschen selbst bedeutet. Wie einfach wäre es da, wenn lediglich durch den Einzug eines zweiten Hundes dem eigenen Hund die Angst genommen werden könnte? Dennoch ist der Gedanke gar nicht so abwegig. Ein Hund wird mit einem Menschen niemals genauso intensiv kommunizieren können wie mit einem anderen Hund. Daher erscheint es logisch, dass sich ein Hund eher an einem anderen Hund orientiert als am Menschen.

Ein ängstlicher Hund könnte also durchaus von einem in der angstauslösenden Situation sehr coolen und souveränen Hund dieses Verhalten abgucken und im Weiteren erlernen. Das Problem liegt jedoch darin, einen solchen Hund zu finden. Denn der Hund muss nicht nur entspannt in der angstauslösenden Situation sein, er muss auch vom anderen Hund als Vorbild angesehen werden. Dazu muss er weitere Kriterien erfüllen.

Wer eignet sich zum „Therapiehund"?

Ob sich ein Hund als Therapiehund für einen anderen Hund eignet, hängt stark von dessen Eigenschaften und Persönlichkeit ab. Ein Welpe oder Junghund wäre fatal, denn die Wahrscheinlichkeit ist sehr hoch, dass man früher oder später zwei ängstliche Hunde hat. Der junge Hund orientiert sich an seinem älteren Artgenossen und beobachtet ihn. Dadurch lernt er, wie man sich wann verhalten soll, womit auch ängstliches Verhalten kopiert werden kann. Und der erwachsene Hund wird sich kaum an einem Jungspund ohne Lebenserfahrung orientieren.

Somit kommt nur ein erwachsener Hund in Frage, der möglichst sicher und souverän durchs Leben geht und damit zu einem Orientierungspunkt für den therapiebedürftigen Hund werden kann. Zu alt und gebrechlich sollte der Therapiehund aber wiederum auch nicht sein, denn wenn er physisch und psychisch nicht mehr uneingeschränkt in der Lage ist, die komplette Umwelt locker zu bewältigen, wird er auch nur schwer vom ängstlichen Hund als Vorbild angenommen werden. In der Regel empfiehlt sich also ein Hund zwischen drei und acht Jahren. Dabei muss es sich nicht unbedingt um einen älteren Hund als den ängstlichen handeln. Oft orientieren sich Hunde zwar eher an älteren Hunden, es spielen aber viele andere Faktoren eine Rolle, womit der Altersunterschied vernachlässigt werden kann. Viel wichtiger ist, dass der ängstliche Hund den Therapiehund als Vorbild anerkennt, wofür Eigenschaften wie sicheres Auftreten wichtiger sind als das Alter. Ein Hund, der aufgeregt auf alle anderen Hunde zurast, wäre also nicht unbedingt geeignet. Natürlich darf er auch einmal mit anderen Hunden spielen oder Ähnliches. Es wäre aber ein Hund vorteilhafter, der eher „sein eigenes Ding" durchzieht. Ist er wiederum von jedem Hund, der mit ihm Kontakt aufnimmt, schnell genervt und macht dies durch Blicke, Knurren oder Korrekturen deutlich, wären das ebenfalls keine günstigen Voraussetzungen. Wird der zu therapierende Hund zudem jedes Mal von seinem „Therapeuten" bei Hundekontakten abgeblockt, kann das zur Folge haben, dass dieser sich dann gerade nicht am Therapiehund orientiert, sondern eher von ihm abwendet. Welcher Therapiehund zu welchem ängstlichen Hund passt, muss im Einzelfall entschieden werden. Dazu bietet sich genaues Beobachten der beiden Hunde getrennt voneinander an. Es muss gewährleistet werden, dass der Therapiehund mit den Reizen, die beim anderen Hund Angst auslösen, sicher umgehen kann. Dabei ist es auch nicht mit einem Test an einem Tag getan, denn dann könnte es sich auch nur um ein Zufallsergebnis handeln. Nachdem beide Hunde unabhängig voneinander eingeschätzt werden konnten, lässt man sie zusammen frei laufen. Dabei kann man erkennen, wie die beiden Hunde miteinander umgehen und ob das erwünschte Ziel erreicht werden kann. Denn natürlich müssen sich die beiden Hunde auch sympathisch sein. Bei der Auswahl und dem Test des künftigen Therapiehundes sollte man sich jedoch unbedingt von einem professionellen Hundetrainer helfen lassen.

Mehrhundehaltung

Es ist nicht unbedingt notwendig, dass der Therapiehund für immer beim therapiebedürftigen Hund bleibt. Manchmal reicht auch, wenn er eine Art „Starthilfe" gibt. Dies ist aber immer eine individuell zu treffende Entscheidung, die stark von der Beziehung des Menschen zu seinem therapiebedürftigen Hund abhängig ist. Allerdings wird es vermutlich noch schwieriger, einen passenden Hund nur „auf Zeit", also für einige Monate zu finden. Denn welcher Mensch gibt gern seinen erwachsenen, entspannten, souveränen und selbstsicheren Hund für mehrere Wochen bis Monate weg? Daher muss sich der Mensch vermutlich Gedanken darüber machen, dauerhaft einen zweiten Hund aufzunehmen. Dabei müssen sämtliche Punkte der Mehrhundehaltung wie höhere Kosten, mehr Schmutz im Haus, mehr Aufwand durch Training und Beschäftigung etc. bedacht werden.

Problemanalyse – was ist passiert?

Bevor man sich auf die Problembehandlung stürzt, muss das Problem erst einmal genauer differenziert werden. Denn wie bereits erwähnt, können Hunde Ängste generalisieren, und so muss ein Hund, der beim Zuschlagen einer Autotür zusammenzuckt, nicht automatisch schlechte Erfahrungen mit Autos gemacht haben. Der eigentliche Angstauslöser war vielleicht, wie im Beispiel auf S. 40, der Schießstand des örtlichen Schützenvereins. Würde man sich im Training nun lediglich auf das Geräusch der Autotüren konzentrieren, wird der Hund vermutlich weiterhin Angst bei Schüssen oder ähnlich lauten Geräuschen zeigen. Schüsse und ähnlich laute Geräusche müssen auf jeden Fall in das Training mit einbezogen werden, um einen grundlegenden Therapieerfolg zu erzielen. Erst wenn man also weiß, ob der Hund auch z. B. auf einen Schuss oder den Knall einer zerplatzenden Plastiktüte reagiert, kann ein erster Trainingsplan erstellt werden.

Martin testet, wie Nilou auf das Zuschlagen der Autotür reagiert. Er springt erschrocken zur Seite.

Dem Ursprung auf der Spur

Daher steht zu Beginn einer jeden Angsttherapie immer eine detaillierte Analyse; jede Person, die den Hund betreut, wird dabei befragt. Jedes noch so kleine Detail kann von großer Bedeutung für die Ursache der Angst bzw. den Verlauf der Therapie sein. Mithilfe dieser Informationen erhält man zum einen ein sehr vielschichtiges Bild, da unterschiedlichste Situationen und Lebensbereiche des Hundes beschrieben werden. Zum anderen lässt sich vielleicht jetzt schon erkennen, inwieweit es sich um ein beziehungsorientiertes Problem handelt. Denn manchmal zeigen sich Ängste immer nur dann oder treten stärker auf, wenn der Hund mit einer bestimmten Person unterwegs ist. Das kann daran liegen, dass gerade diese Person dabei war, als das angstauslösende Erlebnis geschah. Vielleicht traut der Hund einer Person aber auch überhaupt nicht zu, mit einer scheinbar gefährlichen Situation fertig zu werden.

Auf den Schuss aus einer Karnevalspistole reagiert der Bearded Collie dagegen gar nicht. Er hat die Schrecksituation offensichtlich nur mit dem Geräusch der zuschlagenden Autotür verbunden.

Die Fragen, die ein für eine Angsttherapie aufgesuchter Hundetrainer stellen wird, richten sich natürlich sehr stark nach dem angstauslösenden Faktor sowie nach den Situationen, in denen das Verhalten auftritt. Auch wenn sämtliche Details wichtig sind, interessiert dabei vor allem, in welchem Ausmaß die Angst auftritt und wie lange der Hund diese Angst schon hat. Ein Hund, der erst in seinem siebten Lebensjahr eine Angst vor Fahrrädern entwickelt hat und schon kurze Zeit später mit der Therapie beginnt, hat erheblich höhere Chancen, die Angst vor Fahrrädern wieder abzulegen, als ein anderer erwachsener Hund, der eine ähnliche Angst durch ein negatives Erlebnis schon in seinem dritten Lebensmonat entwickelt hat und seitdem darunter leidet. Der siebenjährige Hund kann auf viele neutrale oder sogar positive Erfahrungen mit Fahrrädern zurückgreifen. Er hatte bereits gelernt, dass Fahrräder eigentlich keine Gefahr bedeuten, bevor er dann im Alter von sieben Jahren z. B. in einen Unfall mit einem Fahrrad verwickelt war. Da die Familie die durch den Unfall ausgelöste Angst vor Fahrrädern bereits am Tag nach dem Unfall bemerkte und bereits zwei Tage später einen Hundetrainer aufsuchte, um eine Angsttherapie zu beginnen, konnte sich die Angst in dieser kurzen Zeit noch nicht richtig verankern. Bei einem Hund, der seine Angst bereits in der sensiblen Phase entwickelt hat und schon einige Jahre damit lebt, sieht das leider ganz anders aus.

Fragestellungen

Wann genau tritt das Angstverhalten des Hundes auf? **In welcher Situation wurde es zum ersten Mal bemerkt?** **Wie war die Körpersprache des Hundes dabei?**	Hier geht es erst einmal um eine möglichst genaue, detaillierte Beschreibung der Angstsituation. Dabei sollen sämtliche Aspekte, die den Menschen einfallen, zusammengetragen werden. Häufig sind sich Menschen bestimmter Details gar nicht bewusst. Fragt man direkt danach, fällt es ihnen mitunter schwer, sich daran zu erinnern. Viel leichter fällt es jedoch, einfach so im Gespräch alles zu erzählen, was einem zu der Angstproblematik einfällt.
Besteht die Angst seit diesem ersten Mal beständig weiter oder wurde sie abgebaut oder gar verstärkt?	Verringert sich die Angst, tritt also eine Besserung ein, gilt es herauszufinden, was diese Verbesserung veranlasst hat. Hier kommt es erneut auf die analytischen Fähigkeiten des Trainers an. Verstärkt sich die Angst, ist dies ein Hinweis darauf, dass möglichst schnell mit einer Angsttherapie begonnen werden muss!
Wie häufig tritt die Angst auf? **Haben sich die Zeitabstände dazwischen verändert?**	Wird die Zeit zwischen den Angstmomenten immer kürzer, sollte schleunigst mit einer Angsttherapie begonnen werden, um die Problematik nicht noch größer werden zu lassen.
Wie lange dauert es, bis der Hund nach der erlebten Angst wieder in seinen Normalzustand kommt?	Schüttelt der Hund sich nur einmal kurz und beschäftigt sich danach direkt wieder mit den Dingen des Alltags, scheint der Angstauslöser für ihn nicht extrem bedrohlich zu sein. Zittert und hechelt er aber einige Zeit nach dem ängstigenden Erlebnis immer noch, obwohl er sich schon längst an einem sicheren Ort befindet, scheint die Situation diesen Hund deutlich stärker zu beeindrucken.
Wie haben sich die jeweils anwesenden Personen verhalten? **Gibt es Unterschiede, die sich auch auf das Verhalten des Hundes ausgewirkt haben?**	Mithilfe dieser Frage kann man herausfinden, ob der Hund sich bereits an einer bestimmten Person orientiert und dieser vertraut. Zudem kann ein direkter Zusammenhang mit der Angstsituation ausgeschlossen bzw. bestätigt werden. Die Anwesenheit einer Vertrauensperson in einem angstauslösenden Moment kann auch ausschlaggebend dafür sein, dass die Angst als nicht so schlimm empfunden bzw. besser verkraftet wird. Mensch und Hund verbindet ein Vertrauensverhältnis und sie haben schon viele positive Erfahrungen miteinander gemacht. Sie können sich aufeinander verlassen.

Alle diese Fragen kann man sich auch selbst stellen. Jedoch empfiehlt es sich, bei einer Angstproblematik einen professionellen Hundetrainer aufzusuchen, da dieser die Situation objektiv „von außen" betrachten kann. Da beim Thema Angst immer auch Emotionen eine Rolle spielen, fällt es den meisten Menschen schwer, den eigenen Hund sowie die Mensch-Hund-Beziehung neutral zu betrachten und zu analysieren. Schnell kann es so zu einer falschen Einschätzung und damit zu einem falschen Therapieplan kommen.

Mithilfe einer Videoaufnahme kann man beobachten, wie der Hund sich verhält, wenn er zu Hause alleingelassen wird, aber auch Situationen analysieren, in denen der Hund Angst zeigt.

Situationsanalyse

Häufig kann man allein durch die Befragung der den Hund betreuenden Personen die Ursache für ein Angstverhalten herausfinden. Nicht immer ist dies jedoch eindeutig möglich. In diesem Fall muss der Hundetrainer den Hund in der angstauslösenden Situation selbst beobachten. Oftmals sieht er so Details, die den Menschen gar nicht bewusst waren. Bei einer solchen Beobachtung muss auch immer berücksichtigt werden, dass der Hund nicht unnötig gestresst wird. Der Hund soll also nicht unnötig lange in der Angstsituation belassen werden. Gerade dann, wenn der Auslöser nicht klar ist, fällt es oftmals jedoch schwer, den Hund während der angstauslösenden Situation zu beobachten, da niemand genau vorhersagen kann, wann genau er erneut Angstverhalten zeigen wird. Zudem lassen sich auch nicht alle angstauslösenden Situationen einfach so zu einem bestimmten Zeitpunkt erneut darstellen. Hier hilft oftmals eine Videoanalyse.

Videoanalyse

Nicht immer lässt sich durch eine Befragung der Menschen herausfinden, wo das Problem genau liegt, sprich, welcher Reiz die Angst eines Hundes auslöst. Dies hängt zum einen damit zusammen, dass Menschen nicht daran gewöhnt sind, auf kleine Details zu achten. Fragt man eine Person im Restaurant, ob der Kellner eine dunkle oder eine helle Hose getragen hat, können viele Menschen hierüber keine Auskunft geben, es sei denn, der Gast hat dem Kellner versehentlich ein Glas Cola über die Hose geschüttet. Gerade im Umgang mit dem Hund haben Menschen zudem den Fokus häufig auf ganz andere Dinge gerichtet. Das hat aber nicht unbedingt mit geringer Aufmerksamkeit zu tun. Der Hund hat zum Teil ganz andere Möglichkeiten, Dinge wahrzunehmen, als der Mensch. So kann er Gerüche viel intensiver und schneller wahrnehmen und orten als ein Mensch, und auch Geräusche hört er in einer viel höheren Tonlage. So kann der Hund Geräusche bis zu 50 000 Hz wahrnehmen, der Mensch lediglich bis zu 20 000 Hz.

Kann man die Ursache von Angstverhalten daher nicht durch eine Befragung der den Hund betreuenden Personen oder eine Betrachtung der angstauslösenden Situation herausfinden, kann eine Videoanalyse hilfreich sein. Die Aufnahmen einer Videokamera haben den Vorteil, dass man sich einzelne Sequenzen immer wieder anschauen und in Bezug auf die Körpersprache des Hundes genau analysieren kann. Da Angst oft wenig rational ist, sind manchmal die seltsamsten Faktoren bzw. deren Kombination Auslöser für eine Angstreaktion. So kann ein bestimmter Parfümgeruch der Nachbarin kein Problem darstellen, der gestreifte Rock auch nicht. Erst wenn die Nachbarin sowohl den Rock als auch das Parfüm trägt, zeigt der Hund Angstverhalten - einfach, weil genau diese Kombination in seinem Kopf mit der Angst verknüpft wurde.

Aus der Praxis

Beaglerüde Finn traut sich von Zeit zu Zeit nicht in den Garten hinaus. Seine Besitzer konnten sich jedoch nicht erklären, von was das Betreten des Gartens abhängig war. Zunächst wurde schlechtes Wetter als Ursache vermutet, was sich aber als unwichtiger Faktor herausstellte. Da es keinen offensichtlichen Grund gab, warum Finn hin und wieder den Garten mied, wurde eine Videokamera eingesetzt, die Aufschluss darüber geben sollte, was die Ursache für Finns Verhalten sein könnte. So wurde in Finns Fall festgestellt, dass er an den Tagen, an denen er den Garten nicht betreten wollte, häufiger und fast beiläufig in eine bestimmte Richtung schaute, nämlich Richtung Gartentor. Die Kinder der Familie erinnerten sich an eine Situation vor längerer Zeit, in der sich Finn beim Zuschlagen des Tores erschreckt hatte. Es stellte sich heraus, dass der Verschlussriegel des Gartentörchens nicht richtig eingehängt war. Das Tor bewegte sich immer wieder leicht hin und her, dabei entstand ein leises, quietschendes Geräusch, das vom menschlichen Ohr kaum wahrzunehmen war. Ein Test bestätigte die Vermutung: Das Gartentörchen wurde fest verschlossen und Finn in den Garten gerufen. Ohne zu zögern folgte er bereitwillig der Aufforderung seiner Menschen. Nach ein paar Minuten ging es wieder ins Haus, um das Szenario kurz danach zu wiederholen. Dieses Mal allerdings mit leicht geöffnetem Gartentor. Finn weigerte sich, den Garten zu betreten. Nach einigen Wiederholungen konnte man sicher sein, dass das Gartentörchen der Auslöser für Finns Verhalten war. Ohne diese Informationen wäre es viel schwieriger geworden, einen Trainingsplan zu erstellen, da man überhaupt nicht gewusst hätte, was genau das Problem darstellt.

Problemfindung bei „Secondhand-Hunden"

Schwieriger wird die Problemfindung, wenn es sich um einen ängstlichen „Secondhand-Hund" handelt, der die Angst schon mitgebracht hat. Man weiß demnach einfach nicht, was der Auslöser war. Die Fragen müssen sich also verstärkt auf die Situationen konzentrieren, in denen die Angst zum Vorschein kommt, um so herauszufiltern, welcher Reiz genau das Problem darstellt. Der einzige Vorteil daran, die Vorgeschichte nicht zu kennen, ist der, dass das angstauslösende Erlebnis nicht in Anwesenheit einer Person aus der neuen Familie entstanden und die Angst dementsprechend auch nicht vom Hund mit einem Mitglied der neuen Familie in Verbindung gebracht werden kann. Die neue Familie kann somit dem Hund meist besser bei der Überwindung der Angst helfen. Wichtig ist hierbei ein gegenseitiges Vertrauen, das die neue Familie zuerst einmal zu ihrem „Secondhand-Hund" aufbauen muss.

Kontrolle beim Tierarzt

Vor Beginn einer Angsttherapie sollte der Hund von einem Tierarzt untersucht werden, um Schmerzimpulse, Hormonstörungen oder Ähnliches als Angstauslöser auszuschließen (siehe S. 20 f.). Ein Hund, der scheinbar Angst vor Treppen hat, möchte sie vielleicht nur ungern betreten, weil seine Gelenke dann schmerzen. In diesem Fall könnte man sämtliche Verhaltenstherapieformen ausprobieren, ohne erfolgreich zu sein.

Angstauslösend können allerdings auch einmalige Schmerzen gewesen sein: Ein Hund tritt beim Freilauf in eine Glasscherbe. Während er den Schmerz wahrnimmt, hat er aber gerade eine flatternde Plastiktüte im Blick. Es wurde bereits erwähnt, dass auch optische, akustische oder olfaktorische Reize wahrgenommen und generalisiert werden können. So kann es sein, dass der Hund nicht die Glasscherbe für seinen Schmerz verantwortlich macht, sondern die Plastiktüte. Beim nächsten Anblick einer Plastiktüte kann er sich an den Schmerz erinnern, ihn erwarten und daraufhin ängstlich reagieren. In diesem Fall hilft eine Untersuchung durch den Tierarzt dann natürlich nicht weiter.

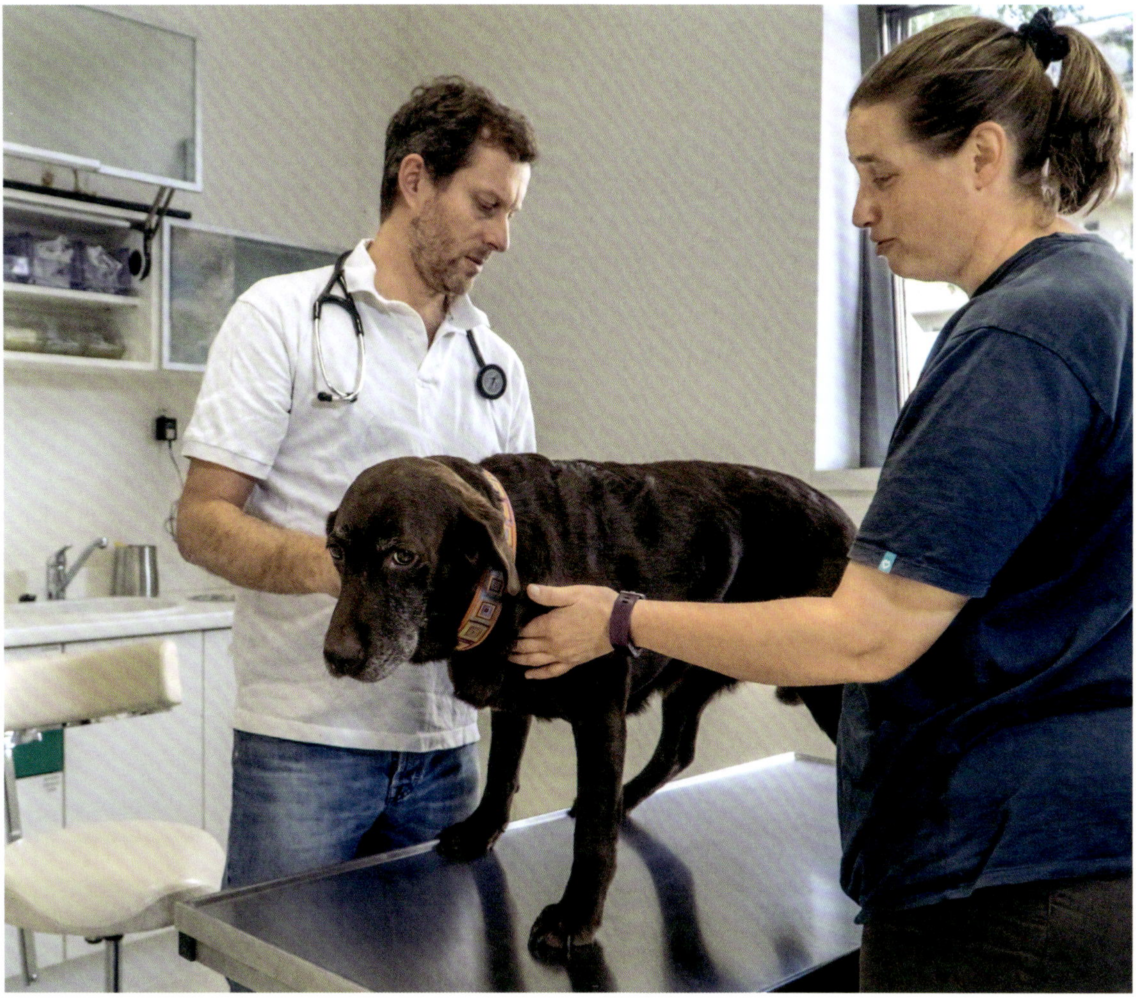

Vor Beginn einer Verhaltenstherapie in Bezug auf Angstverhalten, sollte der Hund immer erst von einem Tierarzt untersucht werden, um körperliche Ursachen auszuschließen.

Lerntheorien – Grundlage jeden Trainings

Da Ängste über Konditionierungsmechanismen erworben werden können, ist es möglich, sie mit den gleichen Mechanismen auch wieder zu löschen. Allerdings ist das Verlernen ein langwierigerer Prozess als das Erlernen, da Ängste biologisch gesehen unter Umständen für den Hund lebensrettend und somit existenziell wichtig sein können. Sie werden daher oft schon nach nur einem Erlebnis fest abgespeichert. Lerntheorien bilden die Grundlage jeder Verhaltenstherapie. Kennt man diese Basics, kann man gezielt Verfahren nutzen, um die Therapie zu größtmöglichem Erfolg zu bringen.

Klassische und operante Konditionierung

Zu den – auch in der Angsttherapie – am häufigsten genutzten Lerntheorien gehören die klassische sowie die operante Konditionierung. Bei der klassischen Konditionierung erlernt der Hund einen neuen Auslöser für ein bestehendes Verhalten, wogegen er bei der operanten Konditionierung z. B. ein neues Verhalten erlernt. Die Mechanismen der beiden Konditionierungstheorien werden auf S. 35 ff. detailliert erläutert.

Stephanie will Nelly durch den Tunnel schicken. Diese findet den Tunnel jedoch unheimlich.

Stephanie und Nelly schauen zu, wie die befreundete Hündin Penny durch den Tunnel flitzt.

Als Stephanie dann auch noch selbst durch den Tunnel kriecht, wird Nelly neugierig und kommt hinterher. Sie hat ihre Angst vor dem Tunnel überwunden.

Beobachtungslernen

Diese Form der Lerntheorie wird häufig auch als „Lernen am Modell" bezeichnet. Das zu lernende Verhalten muss einerseits beobachtet werden, damit es überhaupt ausgeführt werden kann. Andererseits muss es auch nachgeahmt und geübt werden. Eine wichtige Erkenntnis, wenn es um den Erfolg des Lernprozesses geht, ist, dass das Modell das Verhalten sicher beherrschen sollte. Zudem darf dieses Verhalten keine ungewünschte Konsequenz nach sich ziehen, sonst wird es nicht imitiert (vgl. Hobmair 1997, S. 493).

Besonders bewährt hat sich das Beobachtungslernen beim Erwerb von neuen Verhaltensweisen. Ängstliche Hunde sollen z. B. lernen, anders mit ihrer Angst umzugehen, sich in bestimmten, bedrohlich wirkenden Situationen anders zu verhalten. Hier kann das „Lernen am Modell" gut genutzt werden, um den Hunden ein Alternativverhalten – ein neues Verhalten – beizubringen.

Beim Agilitytraining erleben wir häufig Hunde, die nicht gern bzw. überhaupt nicht durch den Tunnel laufen möchten. Eine Hilfestellung ist, den Tunnel so stark zusammenzuschieben, dass es sich schon eher um einen dicken Reifen als um einen Tunnel handelt. Eine andere und/oder zusätzliche Maßnahme nach dem Beobachtungslernen wäre, andere Hunde, die überhaupt keine Angst vor dem Tunnel haben, durch ihn hindurchzuschicken. Selbstverständlich muss das vom ängstlichen Hund beobachtet werden können. Hilft das nicht, besteht immer noch die Möglichkeit, dass der Mensch vor den Augen seines Hundes durch den Tunnel kriecht. Auch wenn das ein lustiges Bild abgibt, war dies nicht selten der Schlüssel zum Erfolg!

Trainingsmöglichkeiten bei Angstverhalten

Aufbau des Trainings

Die Dauer einer Trainingseinheit hängt sowohl von der Persönlichkeit sowie dem Trainingsstand des Hundes ab. In aller Regel kann man mit einem gesunden erwachsenen Hund etwa zwischen zehn bis fünfzehn Minuten konzentriert trainieren. Nach einer kurzen Pause, in der der Hund entspannen kann, erfolgt eine zweite Trainingseinheit. Gut trainierte Hunde können nach einer weiteren Pause sogar eine dritte Trainingseinheit konzentriert durchführen. Wichtig ist dabei jedoch, dass der Hund in der Pause entspannen kann. Spiel mit anderen Hunden bedeutet durchaus Stress, selbst wenn dieser positiv vom Hund wahrgenommen wird. Ob der Hund zur Entspannung nur auf einer Decke abgelegt wird und dabei z. B. einen Kauartikel zur Verfügung gestellt bekommt, sich auf einem eingezäunten Gelände im Freilauf bewegen darf oder mit seinem Menschen zu einem kurzen gemeinsamen Spaziergang aufbricht, muss individuell je nach Hund entschieden werden. Der Hund muss in jedem Fall in der Pause gut beobachtet werden, um entscheiden zu können, ob er wirklich abschalten und entspannen kann.

Training mit Pausen

Da Hormone wie bereits besprochen unter Umständen mehrere Tage brauchen, bis sie abgebaut werden, sollte die nächste Trainingsstunde, vor allem, wenn es sich dabei um ein Training innerhalb einer Angsttherapie handelt, nicht direkt am nächsten Tag durchgeführt werden. Wie lange die Trainingspause ausfallen muss, ist dabei unterschiedlich. Natürlich soll der Hund nun aber nicht drei Tage nicht aus dem Haus dürfen. Wichtig ist jedoch, dass er in dieser Zeit nur entspannte Beschäftigungsformen durchführt und sich weder durch ein Training noch durch das Aufeinandertreffen mit anderen Hunden aufregt. Gerade bei unsicheren Hunden kann man die „freien“ Trainingstage auch nutzen, um zuvor aufgebaute Beschäftigungsformen durchzuführen, die die Selbstsicherheit des Hundes stärken. Trainingsformen, bei denen der Hund die Nase einsetzen muss, lernen Hunde in der Regel schnell und gern. Findet ein Hund in freier Suche die versteckte Beute oder beim Mantrailen die „vermisste“ Person, steigt sein Selbstwertgefühl enorm. Denn schließlich hat er die Aufgabe ganz allein, ohne Hilfe des Menschen durchgeführt und gelöst!

Im Folgenden werden Möglichkeiten zur Anwendung von Verhaltenstherapien vorgestellt, um die Angst bei einem Hund zu lindern bzw. zu therapieren. Auch Traumata können so zum Teil entschärft werden. Manchmal bieten sich auch Kombinationen verschiedener Therapieformen an, die entweder zeitgleich angewandt werden oder aufeinander aufbauen.

Im Gegensatz zur Psychoanalyse geht es bei der Verhaltenstherapie nicht um seelische Vorgänge, sondern um das Verhalten an sich. Das im Falle der Angst problematische Verhalten wird als Folge von fehlenden oder falschen Lernprozessen angesehen, die dementsprechend durch Lernen auch wieder korrigiert oder zumindest verbessert werden können.

Bei der Verhaltenstherapie soll demnach einerseits unerwünschtes Verhalten abgebaut und andererseits erwünschtes Verhalten aufgebaut werden (vgl. Hobmair 1997, S. 489). Beim Hund werden hauptsächlich zwei mögliche Trainingsformen angewendet, die systematische Desensibilisierung sowie die Gegenkonditionierung.

Aufstellen einer Reizhierarchie

Bevor man mit dem Training beginnt, wird bei beiden Varianten eine Reizhierarchie erstellt. Hat ein Hund also z. B. Angst vor schwarzen Hunden, muss nun noch geklärt werden, ob es sich wirklich um eine generelle Angst vor schwarzen Hunden handelt oder ob nicht auch andere Kriterien eine Rolle spielen. So könnte ein Hund auch Angst vor einer bestimmten schwarzen Hunderasse haben oder aber Angst vor schwarzen langhaarigen Hunden. Vielleicht steigert sich die Angst des Hundes auch mit der Haarlänge? Denn je länger die Haare eines Hundes sind, desto weniger Körpersprache und Mimik sind erkennbar. In diesem Fall hätte ein Hund dann z. B. nur wenig Angst vor einem schwarzen Labrador, mehr Angst vor einem schwarzen Briard und sehr große Angst vor einem schwarzen Puli. Oft spielt auch die Größe eines Hundes eine Rolle. So könnte die Angst vor kleinen schwarzen Hunden, also z. B. vor einem Mops, relativ gering sein, vor mittelgroßen schwarzen Hunden wie dem Labrador Retriever bereits größer und vor großen schwarzen Hunden wie dem Briard sehr ausgeprägt. Auch das Verhalten von Hunden kann ausschlaggebend sein. So zeigen schwarze Labrador Retriever häufig zwar sehr aktives Verhalten, aber selten z. B. drohendes Territorialverhalten. Schwarze Schäferhunde dagegen sind auch meist sehr aktiv, jedoch deutlich territorialer in ihrer Körpersprache. Neufundländer dagegen sind allein schon aufgrund ihrer Größe und ihres Gewichts kaum bzgl. der Aktivität mit einem Retriever oder Schäferhund zu vergleichen. Spielen also zwei oder sogar mehr Faktoren bei der Angst eines Hundes eine Rolle, wird das Training umso schwieriger und aufwendiger, da alle diese Faktoren zunächst einzeln und später dann in Kombination beim Training berücksichtigt werden müssen. Sehr häufig ist bei Angst vor anderen Hunden die Dynamik des Hundes entscheidend. Daher beginnt man das Training in der Regel mit einem eher ruhigen Hund.

Nehmen wir z. B. einen Rüden, der mehrmals von einem großen schwarzen Hund attackiert wurde. Vor den Attacken löste der Anblick eines schwarzen Hundes bei dem Rüden noch unspezifische Reaktionen aus, es passierte nichts Besonderes. Durch die gemachten Lernerfahrungen, also dadurch, dass der schwarze Hund gekoppelt mit der Attacke auftrat, wurden bei dem Rüden durch

Bei langhaarigen Hunden ist die Körpersprache oft nicht eindeutig erkennbar. Hier sieht man jedoch deutlich Angstverhalten.

bloßes Auftauchen eines schwarzen Hundes in seinem Blickfeld Ängste ausgelöst. Er zeigte dann Meideverhalten, indem er einen Bogen um den schwarzen Hund lief und den Blickkontakt vermied. Dieses Verhalten wurde nur bei schwarzen Hunden einer bestimmen Größe gezeigt, also bei Hunden, die dem attackierenden Hund in Farbe und Größe ähnelten. Wird hier zügig mit einer Therapie begonnen, lässt sich vermeiden, dass der Rüde weiter generalisiert, sprich vor noch weiteren schwarzen Hunden Angst bekommt.

Weg der systematischen Desensibilisierung

Die systematische Desensibilisierung wird beim Menschen hauptsächlich zur Behandlung von Phobien genutzt, man setzt sie z. B. bei Angst vor Lärm und Geräuschen, Naturereignissen, Dunkelheit, geschlossenen Räumen oder Prüfungsangst ein. Bevor es an die eigentliche Desensibilisierung geht, lernt der Mensch bestimmte Entspannungstechniken wie z. B. autogenes Training oder die Technik der progressiven Muskelentspannung, da diese vollkommen entgegengesetzt zum Angstverhalten sind. Im nächsten Schritt folgt dann der eigentliche Vorgang der Desensibilisierung. Dazu fordert der Therapeut den Patienten auf, sich zu entspannen und sich dann das Objekt vorzustellen, das in ihm die geringste Angst auslöst. Sobald der Patient bemerkt, dass Angst aufkommt, wird die Vorstellung des Objekts sofort abgebrochen, der Patient geht wieder zur Entspannung über. Dieser Vorgang wird so lange weiter fortgesetzt, bis der Patient keine Angst mehr verspürt. Im weiteren Verlauf stellt sich der Patient Objekte vor, die immer größere Angst in ihm auslösen. Zuletzt wird der Patient dann mit dem angstauslösenden Objekt in der Realität konfrontiert. Da beim ersten Aufkommen von Angst der Patient die Vorstellung des angstauslösenden Objekts sofort abbricht, wird diese Methode z. T. auch als Meidungsmanagement kritisiert. Denn die Vermeidung angstauslösender Situationen kann die Angst sogar verstärken, da das Gefühl der Erleichterung entsteht, dass die Situation vorüber ist.

Probleme bei der Übertragung auf den Hund

Überträgt man diese Methode nun auf den Hund, ergeben sich zwei große Probleme. Zum einen kann man dem Hund nicht sagen, dass er sich ein Angstobjekt vorstellen soll. Damit bleibt beim Hund nur die Konfrontation mit dem Objekt in der Realität. Zwar kann man hier genauso eine Angsthierarchie erstellen und den Hund zunächst mit einem Objekt konfrontieren, das bei ihm am wenigsten Angst auslöst, dennoch muss es eben immer eine reale Konfrontation sein. Zum anderen kann der Hund dem Menschen nicht sagen, wann genau bei ihm Angst auftritt und die Therapieeinheit damit abgebrochen werden soll. Es ist daher wichtig, den Hund genau zu beobachten und seine Körpersprache und Mimik zu lesen. Zeigt der Hund erste Anzeichen, dass er sich unwohl fühlt, darf das Training nicht weiter gesteigert werden! Um das Problem der Verstärkung durch Meideverhalten zu verhindern, sollte man zudem den Reiz nie so lange steigern, bis der Hund Angst zeigt, sondern immer nur so lange, bis er erste Anzeichen von Unwohlsein zeigt. Zudem sollte der Reiz aus diesem Grund dann auch nicht entfernt werden. Der Reiz bleibt so lange in der Situation, bis der Hund sich wieder entspannt. Erst dann wird die Trainingseinheit beendet.

Training mit Geräusch-App

Auch wenn man dieses Trainingsprinzip im Grunde genommen bei jeder Angst einsetzen kann, wird es beim Hund eher in Bezug auf die Desensibilisierung von Geräuschen eingesetzt. Hat ein Hund Angst vor Gewitter, Feuerwerk oder Schüssen, soll er sich mithilfe von sogenannten Geräusch-Apps an diesen Lärm gewöhnen. Der Vorteil bei diesem Training ist, dass man mit diesen Apps unabhängig vom Wetter

Bietet man bei der systematischen Desensibilisierung Reize in zu starker Intensität dar, zeigt der Hund erneut Angstverhalten. Dies muss man vermeiden.

und anderen Bedingungen ist und das Training jederzeit in den Alltag mit einbauen kann. Zudem kann man die Intensität des Geräuschs anpassen, man kann also zunächst mit einem sehr leisen Geräusch starten und die Lautstärke im Lauf des Trainings immer weiter aufdrehen. Allerdings reagieren viele Hunde nicht auf die Geräusche der App. Dies liegt daran, dass von einer App eben nur ein Bruchteil des angstauslösenden Reizes wiedergegeben werden kann. So gehören zu Gewitter und Feuerwerk Lichtreize. Feuerwerk und Schüsse sind mit einem intensiven Geruch verbunden. Bei Gewitter lädt sich die Luft elektrisch auf. Daher ist ein Training in Bezug auf Angst vor Gewitter, Feuerwerk, Schüssen etc. nur sehr bedingt mithilfe einer solchen App möglich. Hinzu kommt noch ein weiterer Nachteil: Die Desensibilisierung findet in der Wohnung statt. Diese soll aber für den Hund, und für den ängstlichen Hund noch umso mehr, Sicherheit und Rückzugsort darstellen. Hier soll der Hund sich wohlfühlen und nicht etwa Stress oder sogar Angst ausgesetzt sein. Im schlimmsten Fall verknüpft der Hund das unangenehme Gefühl beim Training mit dem Zuhause und fühlt sich künftig dort generell nicht mehr wohl und sicher. Dies kann beispielsweise Probleme beim Alleinbleiben auslösen. Daher sollte ein Training mit einer Geräusch-App gut überlegt und nur dann durchgeführt werden, wenn die Vorteile die Nachteile überwiegen bzw. ein Hundetrainer ausschließen kann, dass es zu einer solchen Verknüpfung beim jeweiligen Hund kommt.

Penny soll lernen, sich in Anwesenheit von schwarzen Hunden, vor denen sie sich fürchtet, zu entspannen.

Da der schwarze Hund sich ruhig verhält und nicht näher kommt, entspannt sich die Hündin.

Habituation

Im Grunde genommen folgt das Training der systematischen Desensibilisierung daher dem Lernprinzip der Habituation, also der Gewöhnung. Häufig wird ein solches Training auch Abschalttraining genannt. Im ersten Schritt muss der Hund dafür lernen zu entspannen, und zwar ohne dass der angstauslösende Reiz anwesend ist. Der Mensch geht dazu mit seinem Hund z. B. in den Park. Dort setzt er sich auf eine Bank, der Hund wird angeleint. Als Hilfsmittel kann der Mensch eine Decke mitnehmen und diese neben sich platzieren. Hat der Hund das Abliegen auf einer Decke bereits zu Hause im Alltag erlernt, wird er es sich vermutlich recht schnell gemütlich machen. Die Leine verhindert, dass er sich aus der Situation entfernen und anderen Dingen nachgehen kann. Nun wartet der Mensch, bis der Hund eine Zeit lang vollkommen entspannt auf der Decke liegt. Sollte der Hund die Aufmerksamkeit des Menschen einfordern, indem er jammert, bellt oder in die Leine beißt, wird er vollkommen ignoriert. Der Mensch schaut ihn nicht an, spricht ihn nicht an und fasst ihn nicht an. Es erfolgt auch keine Korrektur des Hundes, da diese dem Hund vermitteln würde, dass der Mensch zumindest auf das Fordern des Hundes reagiert hat. Der Hund hat Aufmerksamkeit erhalten, zwar noch nicht in der Form, wie er es eigentlich gern gehabt hätte, aber es lohnt sich scheinbar, zumindest dranzubleiben und weiter zu fordern. Damit es dem Menschen leichter fällt, den Hund zu ignorieren, kann sich der Mensch z. B. mit einer mitgebrachten Zeitung oder einem Buch beschäftigen. Liegt der Hund eine Zeit lang entspannt auf seiner Decke, steht der Mensch auf und beendet das Abschalttraining.

Anfangs wird das Training in einer Situation mit wenig ablenkenden Reizen durchgeführt, später werden immer spannendere Umgebungen gewählt, bis der Hund selbst in der belebten Bahnhofshalle entspannt neben seinem Menschen liegt.

Schrittweise Reizannäherung

Damit der Hund aus dem auf S. 105 genannten Beispiel seine Angst vor schwarzen Hunden verliert, kann man z. B. folgendermaßen vorgehen. Man sucht mit seinem Hund einen Ort auf, an dem dieser bereits gelernt hat zu entspannen. Der Hund wird auf der Decke abgelegt. Nun taucht in großer Distanz ein schwarzer Hund auf; der ängstliche Hund muss diesen jedoch wahrnehmen können. Bleibt der ängstliche Hund dabei weiterhin einige Zeit lang ruhig und entspannt liegen, kommt

Einige Trainingseinheiten später, kann der schwarze Hund schon viel näher herankommen.

der schwarze Hund ein paar Schritte näher. Dieser Vorgang wird so lange wiederholt, bis der Hund erste Anzeichen von Beunruhigung zeigt. Der schwarze Hund muss in diesem Fall sofort stehen bleiben, er darf sich nicht noch weiter nähern, sodass der ängstliche Hund erneut Angst zeigt. Dazu wird der schwarze Hund am besten angeleint geführt, so kann man mit dem Halter genau abstimmen, wie nah er mit dem Hund kommen soll. Nun wartet man so lange, bis der ängstliche Hund sich an den schwarzen Hund gewöhnt hat und wieder ruhig und entspannt für eine längere Zeit liegen bleibt. Der schwarze Hund verlässt nun die Situation; einige Zeit später kann das Abschalttraining für diesen Tag beendet werden.

Bei der systematischen Desensibilisierung nähert man den angstauslösenden Reiz in der Regel dem Hund an. Eine Annäherung des ängstlichen Hundes an den Reiz macht wenig Sinn, da durch das Aufstehen und Verlassen des Ruheplatzes zunächst wieder Unruhe und damit Erregung erfolgt. Daher würde es sehr lange dauern, bis der Hund sich am neuen Platz wieder entspannt.

Im nächsten Schritt fordert Martin Giulia auf, sich mit dem schwarzen Hund langsam zu bewegen. Auch dies ist für Penny kein Problem mehr, sie schaut gelassen zu.

Konditionierte Entspannung

Als hilfreich wird oft empfohlen, dem Hund Entspannung auf ein Signal beizubringen. Dahinter steht der Gedanke, ein Signal zu etablieren, auf das der Hund sich in jeder Situation entspannt. Dazu wird der Hund zunächst zur Entspannung gebracht. Ein gemütlicher Abend, der Hund liegt auf der Decke und wird gekrault. Nun fügt der Mensch ein Signalwort hinzu, wie z. B. „Ruhig“. Dieses wird mehrfach wiederholt, während der Hund entspannt liegt und die entspannende Massage genießt. Wirkt nun das Prinzip der klassischen Konditionierung (siehe S. 35), wird aus dem ursprünglich neutralen Reiz (NS) des Wortes „Ruhig“, auf das bisher lediglich eine neutrale Reaktion (NR) wie z. B. eine Aufmerksamkeitsreaktion erfolgte, in Kombination mit dem unkonditionierten Reiz (UCS) der Muskelrelaxation durch die Massage, der zur unkonditionierten Reaktion (UCR) der Entspannung führt, eine konditionierte, also erlernte Reaktion. Der Hund entspannt sich, wenn er das Wort „Ruhig“ vernimmt.

Dass diese Konditionierung teilweise funktioniert, kennen wir von uns selbst. Eine Melodie, die man während eines entspannten Abends gehört hat, versetzt uns auch später noch direkt wieder in dieses Gefühl zurück, man fährt ein wenig runter. Allerdings darf man nun nicht erwarten, dass der Hund beim Aussprechen dieses Signals sofort in komplette Entspannung verfällt. Es kann aber dabei helfen, den Erregungszustand des Hundes herunterzufahren. Problem ist hierbei jedoch, dass die Situation, in der der Mensch das Signal verwendet, in der Regel nicht entspannt ist. Würde man ein solches Signal nun also beim Training der systematischen Desensibilisierung verwenden, würde dies den Entspannungsprozess unterstützen, der Hund würde sich ein wenig schneller an eine Steigerung einer Situation während eines Desensibilisierungsprozesses gewöhnen. Da der Reiz hierbei nur in ganz geringer Reizintensität hinzugefügt wird, nutzt sich das Signal nicht ab, es leitet einfach den darauffolgenden Entspannungsprozess ein.

Schema

NS	→	NR
„Ruhig“	→	Aufmerksamkeitsreaktion
UCS	→	UCR
Muskelrelaxation/ Massage	→	Entspannung
NS + UCS		
„Ruhig“ und Massage werden verknüpft		
CS	→	CR
„Ruhig“	→	Entspannung

NS = Neutraler Reiz
NR = Neutrale Reaktion
UCS = Unkonditionierter Reiz
UCR = Unkonditionierte Reaktion
CS = Konditionierter Reiz
CR = Konditionierte Reaktion

Problem der Anwendung

Viele Menschen nutzen dieses Signal nun aber nicht im Zuge einer systematischen Desensibilisierung, sondern in einer Situation maximaler Reizintensität. Je nachdem, wie stark der Reiz ist, führt es daher dann nicht zu einer vollständigen Entspannung, sondern nur zu einem Absenken der Erregung. Zudem verliert das Signal damit seine Wirkung. Verwendet der Mensch dieses Signal nämlich häufiger in Situationen, in denen der Hund maximal erregt ist und gar nicht komplett entspannen kann, würde die ursprünglich aufgebaute Konditionierung wieder gelöscht werden. Der Hund lernt sogar, dass das Signal ab sofort offensichtlich das Gegenteil von dem bedeutet, was ursprünglich gelernt wurde, nämlich Erregung. Damit man also überhaupt einen

Bei der Gegenkonditionierung lernt der Hund ein Alternativverhalten, das mit dem Angstverhalten unvereinbar ist. Penny wird aus dem Futterbeutel gefüttert. Später soll sie ihn apportieren.

Erfolg, nämlich eine leichte Reduzierung der Erregung beim Hund erreichen kann, darf das Signal nicht hintereinander in erregenden Situationen angewendet werden. Zuvor muss der Mensch das Signal erst einmal wieder „neu" konditionieren, er muss die ursprünglich geschaffene Verknüpfung wieder verstärken. Dazu müssen nun wieder einige Schmuseeinheiten erfolgen, in denen der Hund gekrault wird und der Mensch dann wieder das Signal „Ruhig" hinzufügt. Auch wenn das eigentliche Ziel mit dieser Technik also in der Regel nicht erreicht werden kann, ist es sicherlich doch gut und sinnvoll, eine Möglichkeit zu haben, die Erregung des Hundes etwas herunterzufahren. So ist der Hund dann vielleicht wenigstens ansprechbar, sodass weitere Maßnahmen eingeleitet werden können.

Gegenkonditionierung

Zeigt ein Hund auf einen bestimmten Auslöser, also auf einen Reiz, unerwünschtes Verhalten, in diesem Fall eine ängstliche Reaktion, wird mithilfe der Gegenkonditionierung dem Hund beigebracht, künftig bei der Wahrnehmung dieses Reizes nicht mehr mit Angstverhalten, sondern mit einem anderen Verhalten zu reagieren. Das Training funktioniert dabei am besten, wenn das alternative Verhalten mit dem ursprünglichen, dem unerwünschten Verhalten nicht vereinbar und im Idealfall positiv besetzt ist. Als einfachste Variante wird hier das Füttern des Hundes verwendet. Der Hund muss dabei also eigentlich gar nicht wirklich ein Verhalten „aktiv" ausführen, er muss lediglich Nahrung aufnehmen.

Nach kurzer Zeit frisst Penny ohne Zögern, obwohl der schwarze Hund sehr nah ist.

Da dieser Prozess bei den meisten Hunden mit einem angenehmen Gefühl verbunden ist, widerspricht dies damit dem Gefühl der Angst. Frisst der Hund aus dem vorherigen Beispiel, obwohl sich ein schwarzer Hund in einer gewissen Distanz befindet, kann die Distanz Schritt für Schritt verringert werden und der schwarze Hund immer näher an den fressenden Hund herangeführt werden. Im Unterschied zur systematischen Desensibilisierung schwächt die Gegenkonditionierung den Reiz also nicht nur ab, sie macht aus einem ehemals unangenehmen Reiz zukünftig einen für den Hund angenehmen, positiv verknüpften Reiz.

Alternatives Verhalten wie Suchspiele aufbauen

Meist wird dem Hund bei der Gegenkonditionierung jedoch ein alternatives Verhalten beigebracht, bei dem er aktiv beteiligt ist, der Hund muss aktiv handeln. Ein Hund, der beim Ertönen eines Schusses oder auch beim Anblick eines schwarzen Hundes Angstverhalten in Form von Flucht zeigt, soll künftig lernen, in Richtung des Reizes zu laufen, um z. B. einen Futterbeutel zu apportieren. Ist der Hund intrinsisch motiviert, das Verhalten auszuführen, wirkt dieses dabei als Verstärkung, ohne dass eine weitere Belohnung erfolgen muss.

Viele Hunde lieben Apportierspiele. Beim Apportieren des Futterbeutels ist zusätzlich auch noch Futter im Spiel, sodass die Belohnung für den Hund doppelt wirkt.

Ein Hund ist intrinsisch motiviert, wenn er ein Verhalten um der Aktivität willen ausführt. Ein Retriever, der für das Zurückbringen von Enten gezüchtet wurde, apportiert gern, weil ihm die Ausführung der Tätigkeit an sich bereits Spaß macht. Auch wenn ein Retriever vermutlich dennoch gern jeden Leckerbissen nach einer Aufgabe als Belohnung annimmt, da er eben auch einfach gern frisst, braucht er nicht unbedingt nach einer Apportierübung eine Belohnung in Form von Futter. Allein die Tatsache, dass er apportieren durfte und, gegebenenfalls, dass das Training weitergeht und er erneut apportieren darf, sind für ihn Belohnung genug. Extrinsisch motivierte Hunde führen die Tätigkeit dagegen aus, um mit dieser etwas zu erreichen. Ein Hund hat z. B. gelernt, den Futterbeutel zu apportieren, da er im Anschluss mit Futter belohnt wird und sich so ernähren kann. Intrinsisch motivierte Handlungen werden vom Hund ausdauernder und intensiver ausgeführt als extrinsisch motivierte Handlungen.

Damit das Training erfolgreich ist, muss der Hund nun also zunächst einmal ein mit dem Angstverhalten unvereinbares, neues Verhalten erlernen. Zudem sollte das Alternativverhalten für den Hund positiv besetzt sein. Möglich ist hierbei z. B. ein Futtersuchspiel. Der Hund lernt, besonders schmackhafte Futterbrocken, die der Mensch wirft, zu verfolgen und auf dem Boden zu suchen. Hunde sind Makrosmatiker, sie sind perfektioniert für den Einsatz der Nase. Daher kann man eigentlich jeden Hund für Suchspiele begeistern, man macht sie regelrecht glücklich damit. Wichtig ist aber auch, dass bei der Aktivität Bewegung dabei ist, denn nur so kann man sich später aktiv dem angstauslösenden Reiz annähern. Der Hund muss also lernen, den Wurf des Menschen zu beobachten und dem Futterbrocken hinterherzulaufen. Anfangs darf er dabei direkt hinterherlaufen, später wird diese Übung mit dem Signal „Bleib" verknüpft und der Hund darf erst auf das Signal „Such" loslaufen. Alternativ eignen sich Apportierspiele hervorragend für die Gegenkonditionierung bei Angstverhalten (siehe S. 86 f.).

Klassische Konditionierung

Beide Trainingsformen, die systematische Desensibilisierung und die Gegenkonditionierung, nutzen das Lernprinzip der klassischen Konditionierung (siehe S. 35). Bei dieser wird ein neuer Auslöser für ein bestehendes Verhalten erlernt. Wendet man das Schema auf S. 35 an, entspricht bei der Gegenkonditionierung das Füttern bzw. die Aktivität mit anschließender Futterbelohnung dem unkonditionierten Reiz (UCS), der als unkonditionierte, also als ungelernte Reaktion (UCR) das Speicheln bzw. freudige Erregung auslöst. Bei der systematischen Desensibilisierung entspricht die Entspannung der unkonditionierten Reaktion, die aufgrund der Muskelrelaxation beim Abschalttraining ausgelöst wird. Der angstauslösende Reiz, also z. B. der schwarze Hund, entspricht dem neutralen Reiz (NS). Dieser hat früher, bevor das Angstverhalten entstanden ist, ja auch tatsächlich eine neutrale Reaktion ausgelöst. Erst seit der Attacke des schwarzen Hundes handelt es sich genau genommen um einen konditionierten Reiz, da hier bereits zum ersten Mal eine Konditionierung nach dem Prinzip der klassischen Konditionierung erfolgte. Der neutrale Reiz (NS) „schwarzer Hund" löst ursprünglich eine neutrale Reaktion (NR), nämlich z. B. eine Aufmerksamkeitsreaktion aus. Die Bedeutung eines Angriffs muss vom Hund nicht erst erlernt werden, ein Angriff ist immer gefährlich. Der Angriff als unkonditionierter, also ungelernter Reiz (UCS) löste bei unserem Hund eine unkonditionierte Reaktion (UCR), eine Angstreaktion aus. Durch die Verknüpfung des neutralen Reizes „schwarzer Hund" mit dem unkonditionierten Reiz „Angriff" wird der ehemals neutrale Reiz zum konditionierten, erlernten Reiz, der schwarze Hund löst nun zukünftig Angstverhalten aus. Doch zurück zu unserem ersten Beispiel. Kombiniert man nun den unkonditionierten Reiz der Futterbelohnung mit dem ehemals neutralen, jetzt eigentlich bereits konditionierten Reiz des schwarzen Hundes, nennen wir diesen daher konditionierten Reiz 1, wird dieser nach der

Erste Konditionierung

NS	→	NR
Schwarzer Hund	→	Aufmerksamkeitsreaktion

UCS	→	UCR
Angriff	→	Angstverhalten

NS + UCS
Schwarzer Hund und Angriff werden verknüpft

CS 1	→	CR 1
Schwarzer Hund	→	Angstverhalten

Zweite Konditionierung

NS (bzw. CS 1)	→	NR (bzw. CR 1)
Schwarzer Hund	→	Angstverhalten

UCS	→	UCR
Futter	→	Speicheln/ freudige Erregung
oder		
Muskelrelaxation	→	Entspannung

NS + UCS
Schwarzer Hund und Futter bzw. Muskelrelaxation werden verknüpft

CS 2	→	CR 2
Schwarzer Hund	→	Speicheln/freudige Erregung bzw. Entspannung

NS = Neutraler Reiz
NR = Neutrale Reaktion
UCS = Unkonditionierter Reiz
UCR = Unkonditionierte Reaktion
CS = Konditionierter Reiz
CR = Konditionierte Reaktion

Konditionierung als neue, konditionierte Reaktion 2 nicht mehr Angstverhalten, sondern Speicheln bzw. freudige Erregung auslösen bzw. bei Nutzung der systematischen Desensibilisierung Entspannung. Der Aufbau des Alternativverhaltens erfolgt bei der Gegenkonditionierung im Übrigen nach dem Prinzip der positiven Verstärkung. Der Hund erhält nach dem Apportieren eine Futterbelohnung, weshalb das Apportieren dadurch positiv belegt wird und damit im Lernprozess bereits das Apportieren an sich verstärkend wirkt, auch wenn der Hund nur extrinsisch motiviert ist zu apportieren!

Schrittweise Annäherung – Shaping

Bei beiden Trainingsformen nutzt man das Prinzip der schrittweisen Annäherung, auch „sukzessive Approximation" oder „Shaping" genannt. Dieses Prinzip wird im Grunde genommen beim Aufbau jeglichen Verhaltens angewendet. Soll der Hund beim Clickern das Pfötchengeben lernen, wird er zunächst verstärkt, wenn der Hund die Pfote entlastet. Im nächsten Schritt wird dann das leichte Anheben der Pfote belohnt. Das Verhalten wird nun schrittweise weiter geformt, bis der Hund die Pfote in die Hand des Menschen legt. Auch das Apportieren baut man ähnlich auf. Zu Beginn wirft man den Gegenstand und belohnt den Hund, wenn dieser nur hinterherläuft und am Gegenstand schnüffelt. Später wird das Hineinbeißen in den Gegenstand belohnt, erst dann wartet man darauf, dass der Hund mit dem Gegenstand einen Schritt in Richtung des Menschen macht. In kleinen Schritten wird das Verhalten nun weiter geformt, bis der Hund mit dem Gegenstand bis zum Menschen läuft und ihm diesen vielleicht sogar noch in die Hand gibt.

Nutzung von Reizhierachien

Hat ein Hund nun also Angst vor schwarzen Hunden, kann man z. B. mithilfe des Apportiertrainings eine Gegenkonditionierung beginnen. Für dieses Training wählt man einen Hund aus, der in Bezug auf die angstauslösenden Reize des Hundes weit unten in der Hierarchie steht. Vor Beginn der Gegen-

Monty hat Angst vor Schüssen. Mithilfe einer zerplatzenden Plastiktüte testet Martin, wie sehr Monty vor diesem Geräusch erschrickt.

konditionierung muss man sich also überlegen, welche Reize die Angst eines Hundes eigentlich auslösen und ob es hierbei eine Abstufung gibt. Hat ein Hund Angst vor schwarzen Hunden, wird er in Gegenwart von dunkelbraunen Hunden vielleicht schon unsicher sein. Hellbraune Hunde lösen dagegen kaum noch eine Reaktion aus, während weiße Hunde vollkommen neutral sind. Im Idealfall kennt man diese Reizhierarchie bereits aus der zuvor erfolgten Analyse. Falls diese keine eindeutigen Ergebnisse gebracht hat, muss das Training mit dem Reiz begonnen werden, bei dem man keine Reaktionen erwartet. Martin startet in dem zuvor beschriebenen Fallbeispiel also nun ein Apportiertraining mit einem weißen Hund. Apportiert der ängstliche Hund in Anwesenheit des weißen Hundes, ohne Angst zu zeigen, führt man das Training erst mit einem hellbraunen, dann mit einem dunkelbraunen und am Ende mit einem schwarzen Hund durch. Man steigert also Schritt für Schritt den angstauslösenden Reiz.

Monty apportiert den Futterbeutel, obwohl Martin in Entfernung eine Plastiktüte platzen lässt.

Im weiteren Training nähert sich Martin immer weiter an, um die Plastiktüte zerplatzen zu lassen.

Penny apportiert den Futterbeutel, während sich der schwarze Hund noch in weiter Distanz befindet. Steve steht dabei als Puffer zwischen Penny und dem angstauslösenden schwarzen Hund.

Trainingsstufe 1

Zu Beginn steht man in einer Distanz zum angstauslösenden Hund, in der der ängstliche Hund diesen zwar bemerkt hat, aber noch aufmerksam und bereit zur Mitarbeit ist. Der Gegenstand wird nun erst einmal vom angstauslösenden Hund weggeworfen. Der ängstliche Hund soll Sicherheit gewinnen, er soll lernen, dass er das aufgebaute Alternativverhalten auch in Anwesenheit seines Angstauslösers durchführen kann. In der ersten Trainingsstufe nähert sich nun der Mensch immer mehr dem angstauslösenden Hund an, der Gegenstand fliegt jedoch immer noch weg von diesem. Der Mensch steht also weiterhin als Puffer zwischen dem angstauslösenden und dem ängstlichen Hund, er gibt diesem weiterhin Sicherheit.

Trainingsstufe 2

Nun vergrößert man erst einmal wieder die Distanz zum angstauslösenden Hund. Der Gegenstand fliegt Schritt für Schritt immer mehr in Richtung des angstauslösenden Hundes. Anfangs noch in einem rechten Winkel, später in einem spitzen Winkel und letztlich dann genau in Richtung des angstauslösenden Hundes. Nun kommt es darauf an, dass der Mensch zum einen gut einschätzen kann, wie nah sich der ängstliche Hund an den angstauslösenden Hund herantraut, zum anderen muss er auch gut werfen können. Sollte ein Gegenstand doch einmal weiter als beabsichtigt fliegen, bleibt der ängstliche Hund sitzen, während der Mensch den Gegenstand näher heranholt. Im weiteren Training fliegt der Gegenstand nun immer näher an den angstauslösenden Hund heran, bis er sogar kurz vor diesem liegen bleibt. Der ängstliche Hund hat nun den Menschen nicht mehr als Sicherheits-Puffer zwischen sich und dem angstauslösenden Hund, er muss sich aktiv entscheiden, in Richtung des angstauslösenden Reizes zu laufen. Dies ist ein entscheidender Punkt im Training. Der Hund kann hierbei aktiv entscheiden, inwieweit er sich der Bedrohung annähert. Er bekommt die angstauslösenden Reize nicht „aufgedrängt“, sondern setzt sich aktiv mit ihnen auseinander.

Trainingsstufe 3

Jetzt trainiert man noch die weiteren Reizauslöser. War der angstauslösende Hund bisher vollkommen unbeweglich und hat nicht auf den ängstlichen Hund reagiert, soll dieser sich nun bewegen. Anfangs reicht dabei eine ganz langsame, ruhige Bewegung. Der angstauslösende Hund läuft also einfach ruhig mit seinem Menschen an der Leine auf und ab. Später darf die Bewegung immer schneller werden. Am Ende erfolgt dann ein gemeinsames Training mit beiden Hunden, bei dem auch der angstauslösende Hund sich dynamisch bewegen und Gegenstände apportieren darf. Die Anforderungen an den Therapiehund sind also enorm! Dieser darf sich zu Beginn gar nicht für den zu therapierenden Hund interessieren. Ein schwarzer Hund, der dem ängstlichen auf Entfernung droht oder bereits zu Beginn sehr dynamisch ist, wird auf keinen Fall zur Entspannung in dieser Situation beitragen. Die Auswahl des Therapiehundes spielt daher eine große Rolle und sollte immer mit einem professionellen Hundetrainer getroffen werden.

Je genauer man die Angst des Hundes differenzieren kann, desto gezielter kann man also das Training aufbauen. Weiß man, dass die Dynamik ebenfalls eine große Rolle spielt, beginnt man das Training zunächst mit einem ruhigen, weißen Hund. Schritt für Schritt steigert man das eine Kriterium, also z. B. die Farbe des Hundes. Führt der ängstliche Hund das Alternativverhalten in Anwesenheit eines ruhigen, schwarzen Hundes wie oben beschrieben aus, steigert man das zweite Kriterium, die Dynamik. Dazu wird jedoch das erste Kriterium wieder „zurückgesetzt". Man beginnt das Training in dieser dritten Trainingsstufe nun also wieder mit einem weißen Hund, der sich anfangs ruhig verhält, dann leicht bewegt, später läuft und wenn das alles klappt, auch einmal dynamisch apportiert. Es folgt das gleiche Training mit einem hellbraunen, dann mit einem dunkelbraunen und letztlich mit einem schwarzen Hund.

Je mehr Kriterien man beachten muss, desto aufwendiger wird das Training! Spielt also nun z. B. neben der Farbe und Dynamik des Hundes auch noch die Größe eine Rolle, wird diese in einer weiteren Trainingsstufe aufgebaut. Dabei beginnt man das Training mit einem kleinen, ruhigen, weißen Hund.

Im weiteren Training nähert sich Steve immer mehr dem schwarzen Hund an.

Im nächsten Trainingsschritt wird der Futterbeutel in Richtung Hund geworfen, jedoch noch weit entfernt.

Nun muss sich Penny ganz an den schwarzen Hund herantrauen, um den Futterbeutel zu apportieren.

Training mit mehreren Angstauslösern

Der gleiche Aufbau gilt auch für den Fall, dass mehrere unterschiedliche Reize die Angst oder das Trauma auslösen. Wenn also nicht nur der schwarze Hund als Angstauslöser abgespeichert wurde, sondern z. B. zusätzlich auch noch das Rucken an der Leine, das im selben Moment der Attacke passierte, müssen die Reize erst einmal getrennt voneinander desensibilisiert werden, bevor sie auch gleichzeitig auftreten dürfen. Parallel zu den Übungen „Treffen eines schwarzen Hundes auf Distanz" sollte dem Hund auch noch vermittelt werden, dass bei Spannung auf der Leine nicht mit einer Attacke eines anderen Vierbeiners zu rechnen ist. Die Leine sollte also künftig in Situationen auftauchen, in denen ausgeschlossen werden kann, dass ein anderer Hund attackieren wird. So kann der Hund begreifen, dass es nicht das Angeleintsein war, das die Attacke zur Folge hatte. Reagiert der Hund auf beide Reize einzeln entspannt, werden diese wieder zusammengeführt, der Hund wird bei der Begegnung mit einem schwarzen Hund angeleint geführt. Auch in diesem Fall erfolgt die Annäherung wieder schrittweise!

Unterteilung einzelner Kriterien

Aber nicht nur die Anzahl der Kriterien spielt eine Rolle, auch die Unterteilung der einzelnen Kriterien muss berücksichtigt werden. Das Kriterium Größe kann unterteilt werden in „klein", „mittel" und „groß". Es können aber auch die Einteilungen „sehr klein", „klein", „etwas größer", „mittel", „mittelgroß", „groß" und „sehr groß" aufgestellt werden. Wie kleinschrittig ein Training sein muss, bestimmt letztendlich das Angstverhalten des Hundes sowie dessen Persönlichkeit. Aus diesem Grund sollte für ein Training mit Angsthunden immer ein erfahrener Trainer aufgesucht werden, der den Hund diesbezüglich einschätzen und so den auf genau diesen Hund angepassten Trainingsplan aufstellen kann. Angsttraining zeichnet sich grundsätzlich jedoch durch ein eher kleinschrittiges Training aus, woraus sich der große Aufwand sowie die lange Zeitdauer ergeben.

Steigerung des Trainings

Bei beiden Trainingsformen steigert man die Trainingsschritte immer nur so lange, bis der Hund eine deutliche Reaktion zeigt, jedoch noch in der Lage ist, das Alternativverhalten auszuführen. Der Hund darf also nicht erneut in sein ursprüngliches Verhalten, das Angstverhalten, fallen. Daher ist es wichtig, den Hund während des Trainings gut zu beobachten, bereits kleinste Veränderungen in der Körpersprache müssen beim Training berücksichtigt werden. Wird der nächste Lernschritt zu groß gewählt, kann das bedeuten, dass der Hund wieder in seine Angst zurückfällt und dem Therapeuten nicht mehr vertraut. Aus diesem Grund ist ein gut aufgebautes Training gerade bei Angstverhalten besonders wichtig. Wie viele Steigerungen man innerhalb eines Trainings machen kann, hängt wiederum vom Hund, dessen Persönlichkeit sowie der Ausprägung des Angstverhaltens ab. In der Regel sind etwa drei Steigerungen jedoch problemlos möglich, vor allem dann, wenn die Steigerungen eher kleinschrittig vorgenommen werden. Natürlich muss ein Trainingsschritt mehr-

Vertrauensvoll blickt Monty zu Sabine. Er hat durch ein kleinschrittiges Training seine Angst vor Knallgeräuschen abgebaut.

fach wiederholt werden, bevor die nächste Steigerung erfolgt. Erst wenn ein Verhalten zu 80 % zuverlässig gezeigt wird, geht man davon aus, dass es gut genug abgespeichert ist, um zum nächsten Schritt der Trainingsvariante überzugehen. Der Hund muss das neue Verhalten also erst im Gehirn abgespeichert haben und zuverlässig auch bei mehreren Wiederholungen ausführen, bevor man eine Steigerung vornimmt.

Kombination beider Trainingsformen

Für welche der beiden Trainingsformen man sich bei einem Hund mit Angstverhalten entscheidet, hängt zunächst einmal von der Angst an sich ab. Angst vor Gewitter oder Feuerwerk lässt sich oft nur schlecht trainieren, da dieses nur sehr selten vorkommt und im Fall des Gewitters nicht planbar ist. So bleibt hier oft als einzige Trainingsmöglichkeit das Training mithilfe von Geräusch-Apps.

Grundsätzlich ist es unserer Meinung nach sehr wichtig, dass Hunde lernen, sich in Anwesenheit ihres Menschen zu entspannen. Für die meisten Hunde bedeutet der Spaziergang ständige Aktion, die wenigsten Hunde haben gelernt, einfach nur zu entspannen. Daher sollte man schon mit dem Welpen immer wieder einmal Entspannungsphasen in den täglichen Spaziergang einbauen. Man wird schnell merken, wie gut diese einem selbst auch tun! Viele Hunde sind so hochgefahren durch die vielen Trainingsmaßnahmen und Aktivitäten des Menschen, dass sie gar nicht mehr entspannen können. Wie bereits geschrieben, ist ständiger Stress aber eine Dauerbelastung für den Körper. Daher sollte ein regelmäßiges Entspannungstraining immer auch zum Alltag von Mensch und Hund dazugehören. Dieses kann dann ideal auch für das Training eventueller Ängste genutzt werden.

Jedoch haben wir festgestellt, dass ein Training über Gegenkonditionierung häufig besser wirkt als ein Training über systematische Desensibilisierung. Dies kann damit zu tun haben, dass der Hund sich dem angstauslösenden Reiz aktiv nähert, er beschäftigt sich aktiv mit seiner Angst und geht „dagegen an". Allerdings muss man beim Trainingsaufbau darauf achten, dass der Hund genau das auch wirklich macht. Ein Hund, der so beutemotiviert ist, dass er beim Auftauchen der Beute nur noch diese im Blick hat und nichts anderes um sich herum mehr wahrnimmt, wird sich eben nicht mit dem Angstauslöser beschäftigen. Bei der Auswahl des Alternativverfahrens muss man dies also berücksichtigen. Der Hund soll die Beschäftigungsform gern ausführen, er soll Spaß daran haben. Er darf jedoch nicht so fixiert darauf sein, dass er umgebende Reize selbst in der Nähe nicht mehr wahrnimmt.

Um zu entscheiden, welche der Trainingsvarianten man auswählt, muss man auch immer die Persönlichkeit des Hundes beachten. Man kann Hunde in zwei unterschiedliche Typen unterscheiden, den eher aktiven und den eher passiven Typ. Dabei orientiert man sich an der Unterteilung in A- oder B-Typen, wie sie aus der Humanpsychologie bekannt ist. Typ-A-Hunde sind eher wagemutig, neugierig und extrovertiert, Typ-B-Hunde dagegen unsicher, zurückhaltend und introvertiert. Dementsprechend sind Typ-B-Hunde in Konfliktsituationen auch eher auf Konfliktvermeidung bedacht, sie ziehen sich eher zurück. Ausgelöst wird dies durch eine vermehrte Cortisolproduktion. Typ-A-Hunde dagegen aktivieren in Stresssituationen hauptsächlich das Kampf-oder-Flucht-System, was durch eine vermehrte Produktion von Noradrenalin ausgelöst wird. Bei Stress neigen sie daher zu Übersprunghandlungen, sie gelten dann schnell als „unberechenbar".

Grundsätzlich sollte man mit Hunden vom A-Typ, die ja eher zu aktivem Verhalten neigen, also eh gern schnell nach vorn gehen, um die Lage zu checken, viele ruhige Übungen durchführen. Diese Hunde müssen vor allem lernen zu entspannen. Hunde vom B-Typ dagegen dürfen gern lernen, aus sich herauszugehen und sich selbst mehr zuzutrauen, mit ihnen scheint also ein aktives Training wichtig.

Doch wie sieht das nun in Bezug auf ein Training bei Angstverhalten aus? Hier sollte man die Trainingsform auswählen, die zum Hund und seinem jeweiligen Bedürfnis passt. Ein Hund, der bei Angst das Bedürfnis nach Bewegung hat, wird sich zumindest zu Beginn des Trainings kaum in Ruhe entspannen können. Es wird ihm viel leichter fallen, sich aktiv einem angstauslösenden Reiz anzunähern, man nutzt hier also zunächst einmal die Trainingsform der Gegenkonditionierung. Einem Hund, der sich bei Angst jedoch am liebsten nur verkriechen und abwarten möchte, bis die Situation vorüber ist, wird es schwerfallen, sich nun auch noch auf eine Aktivität zu konzentrieren. Bei diesem Hund wird man das Training bzgl. angstauslösender Situationen daher zunächst einmal am besten mithilfe der systematischen Desensibilisierung aufbauen. Doch auch wenn es den Hunden jeweils leichter fällt, sich auf die eine oder andere Trainingsform einzulassen, sollte man immer auch darüber nachdenken, beide Trainingsformen zu nutzen und miteinander zu kombinieren. Denn dann sind Mensch und Hund bestens gerüstet für alle Eventualitäten, die im Alltag eben immer wieder passieren können.

Übertragen des Trainings in den Alltag

Von zentraler Bedeutung für den Erfolg ist, dass der angstauslösende Reiz zu Beginn des Trainings wirklich nur in der Trainingssituation auftaucht. Sind Hund bzw. Mensch nicht vorbereitet und werden von einem Reiz überrascht, kann der Hund erneut in alte Muster zurückfallen und unter Umständen muss mit der Therapie von vorn begonnen werden. Die Einhaltung dieses Punktes ist im Alltag gar nicht so einfach. Gibt es, um bei unserem Beispiel zu bleiben, in der Nachbarschaft sehr viele schwarze Hunde und wird damit die Wahrscheinlichkeit erhöht, beim Spaziergang auf einen von ihnen zu treffen, kann es für die nächsten Wochen notwendig sein, den Hund im Auto an eine Stelle zu fahren, an der eher keine (schwarzen) Hunde anzutreffen sind. Hier bieten sich weit überschaubare Felder an, um rechtzeitig ausweichen zu können. Dieses Ausweichen ist deshalb so extrem wichtig, da sich die „schwarzen Hunde im Alltag“ nicht so dosiert ins Training einbauen lassen wie die „Trainingshunde“.

Letztendlich muss der Hund daher generalisieren, dass der angstauslösende Reiz nicht nur unter kontrollierten Bedingungen auf dem Trainingsgelände und in Anwesenheit des Hundetrainers, sondern auch im Alltag an den unterschiedlichsten Orten keine Gefahr bedeutet. Dazu wird das Training im nächsten Trainingsschritt zunächst bewusst an andere Orte verlegt. Macht der Hund hier auch mit und reagiert nicht erneut mit Angstverhalten, dürfen auch im Alltag angstauslösende Situationen auftauchen, sofern diese keine Überforderung darstellen.

Der Hund hat jetzt also gelernt, an vielen verschiedenen Orten sowohl in Anwesenheit des angstauslösenden Reizes zu entspannen als auch ein positiv besetztes Alternativverhalten durchzuführen. Im Fall des Hundes mit Angst vor schwarzen Hunden müsste dieser nun nur noch lernen, entspannt mit schwarzen Hunden umzugehen und zu kommunizieren. Diesen Trainingsschritt kann man leider nicht immer erreichen. Hat ein Hund jedoch gelernt, sich in Anwesenheit eines angstauslösenden Reizes, egal in welcher Situation und an welchem Ort, sowohl entspannt zu verhalten als auch im Zuge des Apportierverhaltens auf seinen Menschen zu konzentrieren und Signale auszuführen, ist sein Leben kaum noch beeinträchtigt. Doch bei unsicheren bzw. ängstlichen Hunden müssen immer auch Grenzen akzeptiert werden!

Reizüberflutung – bei Hunden sinnvoll?

Reizüberflutung (Flooding) ist eine Form von Konfrontationsverfahren, die beim Menschen wie folgt durchgeführt wird: Verschiedene Angstauslöser bzw. Situationen, in denen sie auftreten können,

Angst führt nicht selten zu defensiver Aggression wie hier bei der Podenco-Hündin Sunny.

werden in einer Liste der Intensität nach geordnet. Im Gegensatz zur systematischen Desensibilisierung, bei der die Therapie mit dem schwächsten Ausprägungsgrad des Angstauslösers beginnt, wird der Patient bei der Reizüberflutung direkt mit einem sehr stark angstauslösenden Reiz konfrontiert. Ziel ist es zu vermitteln, dass alle Befürchtungen unbegründet waren. Beim Menschen erfolgt diese Überflutung mit Reizen zum Teil allein auf gedanklicher Ebene, das heißt, dass sich der Mensch eine angstauslösende Situation vorstellen soll (vgl. Hobmair 1997, S. 492). Beim Hund fällt jedoch nicht nur die Möglichkeit der gedanklichen Konfrontation weg, sondern oft auch die Erfahrung, dass die Angst unbegründet ist. Denn Stress und Angst verhindern beim Hund eine erfolgreiche Auseinandersetzung mit der Situation. Er kann sich weder selbst gut zureden, noch bringen die Worte des Therapeuten eine Erleichterung, im Gegenteil. Diese relativ abstrakte Form der kognitiven Verarbeitung ist unseres Erachtens bei Hunden nicht wirklich möglich.

Gesteigerte Aggression oder Rückzug

Bei Hunden kann bei einer Reizüberflutung die Angst schnell in Panik umschlagen und sich somit auch die Aggressionsbereitschaft steigern. Denn wer sich in einer Situation befindet, die er als Kampf um Leben und Tod empfindet, wehrt sich unter Umständen mit allem, was er zur Verfügung hat. Wird ein Hund nun zwanghaft in einer Reizüberflutungssituation festgehalten und ihm damit die Möglichkeit zur Flucht genommen, muss man sich nicht wundern, wenn Menschen in Reichweite gebissen und verletzt oder Gegenstände zerstört werden.

In dieser extremen Stresssituation kann es auch passieren, dass der Hund praktisch mit seinem Leben abschließt und aufgibt. Er ist emotional abgestumpft, was fälschlicherweise dann als erfolgreiche Therapiebehandlung interpretiert wird, denn er reagiert nicht mehr mit Angst und Panik, sondern wirkt eher ruhig und gelassen. Es gibt Hunde, die sehr schnell erschöpft sind und deshalb entspannt wirken. Dieser angebliche Trainingserfolg ist aber in Wahrheit keiner. Ermüdung ist kein Lernprozess.

Einsatz von Medikamenten

Manchmal kann es notwendig sein, eine Verhaltenstherapie durch die Gabe von Medikamenten zu unterstützen. Das ist meist dann der Fall, wenn der Hund so viel Angst hat, dass aufgrund dieses empfundenen Stresses Lernen überhaupt nicht möglich ist. In solchen Fällen kann es helfen, den Stresspegel des Hundes so zu dämpfen, dass er wieder ansprechbar ist und Lernen so möglich wird.

Einnahme unter tierärztlicher Aufsicht

Eine medikamentöse Verabreichung bedarf unbedingt tierärztlicher Aufsicht, um die Medikation sehr gut abstimmen zu können. So gibt es Mittel, die durch ihre Einnahme eventuell verdeckt vorhandene Aggressionen des Hundes zutage treten lassen. Man hat durch die Einnahme der Medikamente dann zwar einen weniger ängstlichen Hund, dafür aber einen aggressiven.

Einsatz von Medikamenten

Es gibt die unterschiedlichsten Medikamente, die bei sehr ängstlichen Hunden Anwendung finden. Sie lassen sich zwei großen Gruppen zuordnen, den Beruhigungsmitteln und den Antidepressiva. An dieser Stelle soll lediglich eine kurze Beschreibung der unterschiedlichen medikamentösen Möglichkeiten erfolgen, da diese niemals in „Selbstmedikation" dem Hund verabreicht werden dürfen, sondern immer nur nach Absprache mit einem Tierarzt mit dem Schwerpunkt Verhaltenstherapie.

Beruhigungsmittel

Bei den Beruhigungsmitteln, auch Tranquilizer genannt, handelt es sich um Mittel, die spontane Handlungen des Hundes vermindern und damit einen beruhigenden Effekt haben (vgl. Heidenberger 2000, S. 168).

Je nachdem, welcher Wirkstoff in dem jeweiligen Präparat vorherrschend ist, unterscheidet sich auch die Wirkung. Manche werden als Vorbereitung auf eine Narkose verabreicht, andere dienen der reinen Muskelentspannung.

Antidepressiva

Antidepressiva dagegen haben eine angstlindernde Wirkung. Sie sorgen für eine gehobene Grundstimmung und gleichen Stimmungsschwankungen aus. Bei Antidepressiva kann man eine Verhaltensveränderung erst nach einigen Wochen der Verabreichung erkennen.

Hormone

Manchmal werden auch Hormone verschrieben, weil sie auf das Verhalten wirken und es beeinflussen. Im Zusammenhang mit Angst spielen vor allem Schilddrüsenhormone eine Rolle. Bei einer Unterfunktion der Schilddrüse, die im Vergleich zur Überfunktion beim Hund häufiger vorkommt, ist mit erhöhter Angst im hundlichen Verhalten zu rechnen (vgl. Schöning 2001, S. 98 f). Deshalb ist es ratsam, bei ängstlichen Hunden einen Gesundheitscheck beim Tierarzt durchzuführen, um organische Ursachen auszuschließen bzw. bei positiven Diagnosen entsprechende Medikamente einzusetzen. Denn spielt beispielsweise eine Schilddrüsenunterfunktion bei der Angst des Hundes eine Rolle, kann eine Verhaltenstherapie allein das Problem nicht lösen. Ist der Hormonspiegel im Körper jedoch optimal, kann auch eine Therapie greifen.

Keine Lösung von Problemen

Der Einsatz von Medikamenten und Hormonen darf in keinem Fall leichtsinnig und voreilig geschehen. Oft ist der Gebrauch jedoch sehr verlockend, da es nach einer einfachen und schnellen Methode aussieht. Wer würde seinem Hund nicht gern eine Pille geben und damit alle Verhaltensauffälligkeiten und Probleme lösen?

Gerade bei der Angst an Silvester greifen viele Menschen immer noch schnell zu Medikamenten. Vor allem vor dem Einsatz von Beruhigungsmitteln sei in diesem Fall gewarnt. Beim Hund wird damit die Angst meist nur unterdrückt. Er nimmt den Angstauslöser immer noch wahr, ist aber aufgrund des ruhiggestellten Körpers nicht in der Lage, seine Angst auszudrücken. Für uns sieht es dann so aus, als wäre der Hund entspannt. Er leidet zum Teil aber noch mehr als vor der Gabe des Mittels. Konnte er vorher seine Angst durch Umherrennen kompensieren oder es zumindest versuchen, ist er nun nicht mehr in der Lage, sich auf seinen Pfoten fortzubewegen, und fühlt sich damit der potenziellen Gefahr hilflos ausgeliefert.

Die Gabe von Medikamenten sollte daher immer nur als unterstützende Therapiemöglichkeit betrachtet werden, immer in Absprache mit dem Tierarzt geschehen und nie als alleiniges Allheilmittel gelten! Denn beruhigende oder angsthemmende Medikamente lösen das Problem des Hundes nicht, sondern überlagern es nur bzw. sorgen für eine zeitlich begrenzte Auszeit.

Oft wird schnell zu Medikamenten gegriffen, wenn der Hund Probleme macht. Dies ist jedoch nur bedingt sinnvoll. Medikamente sollten immer mit dem Tierarzt abgestimmt werden.

Mit Ernährung gegen Angst?

Kauen führt zu Entspannung. Gerade ängstlichen Hunden sollte daher immer wieder einmal die Möglichkeit gegeben werden, ihr Kaubedürfnis auszuleben, vor allem dann, wenn Trockenfutter gefüttert wird, das von vielen Hunden kaum gekaut, sondern vielmehr inhaliert wird. Geeignet sind dazu z. B. Kauartikel wie Rinder- oder Schweineohren, aber auch ein mit gefrorenem Joghurt gefüllter Kong® ist bei Hunden sehr beliebt.

In Bezug auf die Fütterung wird bei ängstlichen Hunden heutzutage vermehrt zu Nahrungsergänzungsmitteln geraten, die Tryptophan enthalten. Tryptophan ist eine Vorstufe von Serotonin, das Auswirkungen auf die Stimmung hat. Serotoninmangel macht depressiv oder aggressiv, denn Serotonin beruhigt und macht glücklich. Bei erhöhtem Cortisolspiegel, wie er bei Stress vorhanden ist (siehe S. 44), funktioniert dieser Umbau nicht mehr richtig. Daher wird dazu geraten, bei Stress bzw. bei ängstlichen Hunden Tryptophan über die Nahrung gezielt zu füttern oder über Ergänzungsmittel sogar hinzuzufügen. Tryptophan ist z. B. in Reis, Haferflocken, Kuhmilch sowie Hähnchenfleisch enthalten. Um Tryptophan aufzunehmen, braucht der Hund übrigens ausreichend Kohlenhydrate, da Tryptophan nur dann die Blut-Hirn-Schranke überwinden kann. Allerdings darf man Kohlenhydrate nicht in Form von Mais, Soja oder Weizen füttern, da diese Tyrosin enthalten, das mit Tryptophan in Konkurrenz steht. Ideal geeignet sind in diesem Fall daher Karotten, Kartoffeln, Reis oder Hafer. Wie man jetzt bereits feststellen kann, sind die Zusammenhänge sehr komplex. Wird daher eine Unterstützung in der Angsttherapie durch gezielte Fütterung oder Nahrungsergänzung angestrebt, sollte immer ein Ernährungsspezialist, der sich mit den Wirkstoffen vor allem in Bezug auf die Angstproblematik bei Hunden auskennt, um Rat gefragt werden. Dieser wird einen Ernährungsplan erstellen, der individuell auf den jeweiligen Hund abgestimmt ist.

Kauen beruhigt und entspannt Hunde. Daher sollte man ihnen hin und wieder z. B. ein Rinderohr geben. Man sollte seinen Hund jedoch im Auge behalten und mit dem Kauartikel nicht allein lassen.

Erfolgschancen einer Therapie

Bleibt noch die Frage offen, wie hoch die Wahrscheinlichkeit auf eine „Heilung“, also ein völliges Verschwinden der Angst ist. Wie bereits zu Beginn des Buches erwähnt, kann Angst im Grunde genommen niemals „geheilt“ werden. Dies liegt daran, dass angstauslösende Situationen im Gehirn abgespeichert werden. Sie können zwar durch andere Erlebnisse überlagert und damit in den Hintergrund gerückt werden, eine tatsächliche Löschung erfolgt jedoch nicht.

Faktoren eines Therapieerfolgs

Dennoch gibt es Unterschiede in Bezug auf die Wahrscheinlichkeit, dass Ängste erneut auftreten bzw. der Hund wirklich ohne Angst durch zuvor angstbeladene Situationen geht. Generell sei gesagt, dass die Therapiechancen deutlich höher liegen, je schneller nach einem angstauslösenden oder traumatisierenden Ereignis mit einer Therapie begonnen wurde. So hat der Hund keine Zeit, das Erlebnis auf der „inneren Festplatte“ zu speichern, weil er gleich wieder andere Erlebnisse – und dann müssen es positive sein – mit dieser Situation machen kann. So wird auch die Gefahr einer Generalisierung auf andere/ähnliche Reize vermieden.

Ein einmaliges Negativerlebnis lässt sich zudem einfacher therapieren, da der Hund noch keine negative Erfahrung mit dieser Situation bzw. diesem Objekt gemacht hat. Fiel er z. B. einmal in einen Swimmingpool, ist er diesem gegenüber zwar skeptisch, doch man kann ihn trotzdem noch langsam an das Element Wasser heranführen. Ist er dagegen schon öfter in den Pool gefallen, hat sich seine Erwartungshaltung daran bereits gefestigt und er ist nun viel schwieriger vom Gegenteil zu überzeugen. Sind dagegen sogar bereits positive Vorerfahrungen vorhanden, wird die Therapie wiederum noch leichter sein. Durfte der Hund zuvor z. B. häufig den geliebten Ball aus dem Pool apportieren, wird es ihn nicht so stark beeindrucken, wenn er zu einem

Eine vertrauensvolle Beziehung ist für die Verhaltenstherapie ängstlicher Hunde Voraussetzung.

späteren Zeitpunkt ausrutscht und ins Wasser fällt. Der Ausprägungsgrad der Angst ist ein weiterer Faktor, der die Therapie beeinflusst. Natürlich kann eine oberflächliche Angst einfacher überwunden werden als eine tief sitzende. Wie stark ein Erlebnis einen Hund beeindruckt, hängt dabei wiederum von seiner Persönlichkeit, aber auch vom Alter und dem Gesundheitszustand ab. Ein alter oder kranker Hund fühlt sich nicht mehr so fit und dementsprechend angstauslösenden Situationen nicht mehr so gewachsen wie ein jüngerer oder körperlich fitterer.

Die Persönlichkeit eines Hundes ist grundsätzlich entscheidend für einen Therapieerfolg. Handelt es sich um einen in der Regel selbstbewussten und souveränen Hund, wird er auch keine so großen Schwierigkeiten haben, seine erworbenen Ängste zu überwinden.

Wie wird ein Hund selbstbewusst und souverän?

Wie bereits erwähnt, ist es wichtig, dem Hund klare Regeln zu geben und Situationen für ihn zu entscheiden. Nur so kann er Vertrauen zu seinen Menschen aufbauen. Um ein Selbstbewusstsein zu entwickeln, muss ein Hund jedoch auch die Möglichkeit haben, eigene Erfahrungen zu sammeln. Hunde, die vor jedem bisschen Stress bewahrt werden, haben nicht die Möglichkeit, als Persönlichkeit zu wachsen und zu reifen. Ein gewisses Maß an Selbstständigkeit gehört zur Persönlichkeitsentwicklung dringend dazu. Mit jeder brenzligen Situation, die ein Hund selbst bewerkstelligt hat, gewinnt er an Selbstvertrauen und an Souveränität. Schütze deinen Hund also bitte nicht vor allem, sondern gib ihm die Chance, eigene Entscheidungen zu treffen, Erfahrungen zu sammeln, zu wachsen und zu reifen.

Faktor Mensch

Ein Faktor, der bei der Einschätzung der Therapiechancen auf keinen Fall vergessen werden darf, ist der Mensch. Von ihm hängt es im Wesentlichen ab, wie schnell Erfolge sichtbar werden und welche überhaupt erreicht werden können. Genauer gesagt hängt es von der Konsequenz des Menschen ab, von der Bereitschaft, das Verhalten im täglichen Umgang mit dem Hund zu ändern, und von der Fähigkeit, sowohl den Hund als auch Situationen richtig einschätzen zu können. Dabei ist es eine große Hilfe, die Körpersprache des Hundes verstehen zu können.

Plötzliches Auftreten von Angst

Eine Schwierigkeit bei der Angsttherapie besteht darin, dass Angst oft ganz plötzlich auftritt und der Hund nur noch eine Sache im Kopf hat: Wie komme ich hier raus? Im Vergleich dazu baut sich anderes Problemverhalten langsam auf und ist nicht sofort präsent. Das gibt Hundehaltern und Trainern die Chance zu reagieren und Alternativen einzuleiten. Ängste sind jedoch ganz schnell existenzielle Ängste, die den Hund nur noch mit dem sogenannten Tunnelblick zurücklassen, alles weitere Denken und eventuelle Verarbeiten ist zunächst einmal blockiert, was ein sinnvolles bzw. therapeutisches Eingreifen erschwert.

Warum der ganze Aufwand?

Um das Leben unserer geliebten Vierbeiner lebenswerter zu machen! Das sind wir ihnen schuldig. Schließlich waren wir es, die uns „die vier Pfoten“ ins Haus geholt haben, um unsere Bedürfnisse nach Gesellschaft und Fürsorge zu stillen. Es stand nicht der Hund mit seinen gepackten Koffern vor unserer Tür und bettelte darum, bei uns einziehen zu dürfen. Also müssen wir uns um unseren Sozialpartner auch kümmern, in guten wie in schlechten Zeiten.

Es ist immer wieder unglaublich schön, wie im Verlauf des Trainings die Beziehung zwischen Mensch und Hund wächst, wie sich Vertrauen aufbaut und es plötzlich nicht nur zwei Individuen gibt, sondern ein Team, das gemeinsam durch dick und dünn geht, das sich aufeinander verlassen kann und sich mit einem Blick versteht!

Auch wenn alte Hunde Ängste nicht mehr so leicht überwinden wie jüngere Hunde, ist es dennoch möglich, ihnen zu mehr Lebensqualität zu verhelfen.

Angstprobleme ernst nehmen

Glücklicherweise nehmen immer mehr Menschen die Angst ihres Hundes ernst und sehen Handlungsbedarf. Das ist leider nicht selbstverständlich. Halter aggressiver Hunde haben im Vergleich dazu häufig eine höhere Motivation, die Verhaltensauffälligkeit ihres Hundes zu beseitigen oder zumindest abzuschwächen. Das liegt daran, dass der persönliche Leidensdruck größer ist. Wer geht schon gern mit einem zähnefletschenden Hund durch die Straßen? Nervende Kommentare von Mitmenschen machen die ohnehin schon angespannte Situation auch nicht besser. Mal ganz abgesehen davon, dass Aggressionen sowohl für den Hund als auch für sein Umfeld gefährlich werden können und Verletzungsgefahr besteht. Ein ängstlicher Hund macht dagegen in der Regel keine Probleme, er hat „lediglich" welche. Da aber Hunde ihre Ängste nicht immer extrovertiert oder aggressiv gegen andere ausleben, wird oft das Leid des in sich gekehrten, introvertierten, aber doch sehr ängstlichen Hundes unterschätzt und mitunter gar nicht wahrgenommen. Er wird in den wenigsten Fällen zur Gefahr für die Gesellschaft und sein Anblick erzeugt bei Mitmenschen eher Mitleid als aggressive Pöbeleien. All das führt dazu, dass der Handlungsdruck des Halters nicht so hoch ist, wenn dieser überhaupt erkennt, dass sein Hund ein Problem hat. Erschwerend kommt noch hinzu, dass eine Angsttherapie ein langwieriger Prozess sein kann, bei dem sehr behutsam vorgegangen werden muss. Die dafür nötige Geduld ist leider nicht immer gegeben.

Wenn alles nicht hilft ...

Ab und zu gibt es in der Tat Fälle, bei denen durch Verhaltenstherapie, gegebenenfalls auch in Kombination mit Medikamenten, keine ausreichende Verbesserung in Bezug auf das Angstverhalten erreicht werden kann, der Hund bleibt weiterhin stark verängstigt. Dem Hund kann trotz redlichem Bemühen keine bessere Lebensqualität gegeben werden, seine Angst bleibt bestehen. Um diesen Hunden ein angstfreieres und damit lebenswerteres Leben bieten zu können, kann es notwendig sein, die Umwelt an den Hund anzupassen. Verhaltenstherapie zielt immer darauf ab, den Hund an seine Umwelt anzupassen und ihm Möglichkeiten zu geben, mit dieser umzugehen. Ist dies nicht erfolgreich, kann der umgekehrte Weg eine Chance für ein entspannteres Leben sein: die Adaption des Umfelds. Denn Ziel ist es, dem Hund in seinem Alltag viel Entspannung zu ermöglichen. Nur in Entspannungsphasen ist er lernbereit, womit die Voraussetzung für eine Angsttherapie gegeben ist. So schwer es für uns Menschen auch ist, so kann es unter Umständen die „Rettung" für den Hund sein, in eine neue Familie zu kommen, die ihm ein entspanntes soziales Umfeld bieten kann.

„I feel good!" Gibt es etwas Schöneres, als einen sich entspannt auf einer Wiese wälzenden Hund? Bei der Hundehaltung sollte man sich immer fragen, was ein Hund braucht, um zufrieden zu sein.

Welche Lebensqualität braucht ein Hund?

Um diese Frage zu beantworten, muss man sich erst einmal fragen, was die Alternative wäre. Starkes Angstverhalten ist sicher mit starken Schmerzen vergleichbar, nicht umsonst ähnelt sich die Körpersprache in beiden Situationen. Das Erlösen eines Hundes mit starken Schmerzen ohne Lebensqualität und ohne Aussicht auf Heilung oder Besserung wird in Deutschland relativ häufig vorgenommen. Diesbezüglich muss jeder selbst überdenken, ob und in welchen Fällen er eine solche Entscheidung für seinen Hund treffen möchte. In Bezug zum Angstverhalten gibt es hierbei aber einen deutlichen Unterschied: Egal, wie stark Angstverhalten auch sein mag, es ist eine Besserung möglich. Natürlich kann es sein, dass diese nur in winzigen, kleinsten Schritten erfolgt und sicher sind bei extremer Angst auch Grenzen vorhanden. Dennoch ist jede kleinste Verbesserung als Erfolg zu werten. Wer würde hier entscheiden, dass ein Leben nicht mehr sinnvoll ist?

Doch zumindest muss man sich fragen, was ein Hund zum Leben braucht. Trainingsstunden in der Hundeschule und Teilnahme an Prüfungen mit Sicherheit nicht. Spaziergänge sind genauer betrachtet eigentlich unnatürlich. Wild lebende Hunde streifen zwar durch ihr Revier, spüren dabei Beute auf und kontrollieren, ob Eindringlinge sich in das Revier vorgewagt haben. Kein Hund läuft jedoch einfach nur so in ein anderes Revier, um „mal etwas anderes zu sehen“. Natürlich spricht nichts gegen alle diese Dinge, wenn man mit einem gut sozialisierten, souveränen Hund zusammenlebt. Ein Angsthund jedoch kann auf diese Belastung durch die Außenreize sicherlich gut verzichten. Hat man ein Grundstück mit Garten, in dem sich der Hund lösen kann, in dem es ein sonniges Plätzchen zum Ausruhen gibt und vielleicht sogar noch eine Fläche für dynamische Spiele mit dem Hundekumpel oder später vielleicht sogar mit dem Menschen, fehlt es ihm eigentlich an nichts.

Ausreichend Wasser, genug Futter, die regelmäßige Möglichkeit, sich zu lösen, ein Platz zum Entspannen, zum Toben sowie die Möglichkeit zu Sozialkontakt, mehr braucht ein Hund zunächst einmal nicht zum Leben. Aus diesem Grund sollte man die Ansprüche, die der Mensch in der Regel an seinen Hund und das Zusammenleben mit ihm stellt, bei einem Angsthund deutlich herunterschrauben. Wenn das Zusammenleben in Bezug auf die hier genannten Punkte entspannt verläuft, kann ein weiteres Training in Minischritten aufgebaut werden. Zu erleben, wie ein Angsthund immer wieder ein Stück aus sich herausgeht und an der Überwindung seiner Ängste wächst, ist eine wundervolle Erfahrung. Allerdings muss ein weiterer Punkt noch bedacht werden, gegebenenfalls muss der Hund medizinisch versorgt werden. Sicherlich kann für eine einmalige Untersuchung der Hund auch einmal in Narkose gelegt werden, eine Dauerlösung zur weiteren Versorgung des Hundes ist dies aber mit Sicherheit nicht. Daher sollte erstes Ziel beim Training eines Angsthundes immer sein, dass dieser sich vom Menschen anfassen und berühren lässt sowie das Anlegen von Geschirr und Leine erduldet.

Wenn Angsthunde weglaufen

Gerade durch den Auslandstierschutz werden viele Hunde aufgenommen, die als typischer „Angsthund“ bezeichnet werden können. Dies liegt nicht etwa daran, dass Straßenhunde per se extrem ängstlich wären, sondern vielmehr daran, dass die Lebensbedingungen in den meist südlichen Ländern so gar nicht denen hier in den meisten westlichen Ländern, wie z. B. Deutschland entsprechen. Diese Hunde kennen häufig keine Großstädte mit lautem Verkehr und Menschenmassen. Sie kommen vom Dorf, haben bisher sehr ländlich gelebt und vielleicht ein Auto das erste Mal beim Abtransport nach Deutschland von innen gesehen.

Kein Wunder, dass sie mit den Anforderungen, die sie hier erwarten, überfordert sind und mit Stress und Angst reagieren. Hier sind nicht die Hunde gemeint, die etwas zurückhaltend gegenüber Menschen sind und auf menschliche Verhaltensweisen wie „Über-den Hund-Beugen“ mit Unsicherheit reagieren, sondern Hunde, die sich im neuen Zuhause sofort in die letzte Ecke verkriechen und nur nachts herauskommen, wenn alle schlafen. Spaziergänge sind unmöglich und selbst das Sich-Lösen im Garten wird vom Hund nur unter größtem Stress in Windeseile vorgenommen, bevor er sich sofort wieder verkriecht.

Wer bewusst einen Angsthund aufnimmt, verdient großen Respekt, denn das Leben mit Hund wird in jedem Fall viel Kraft und vor allem vorausschauendes Handeln von den Menschen verlangen. Leider liest man immer wieder, dass Angsthunde entlaufen. Damit dies nicht passiert, müssen einige Sicherheitsmaßnahmen bedacht werden. Türen müssen immer fest verschlossen sein, ein kurzer Augenblick reicht schon, dass der Hund vor lauter Angst versucht, in die Freiheit zu entkommen. Vor allem wenn kleine Kinder im Haus sind, sollte man von der Anschaffung eines ängstlichen Hundes besser absehen. Nicht nur, dass diese nicht immer zu einhundert Prozent aufpassen werden, es ist zudem auch meist recht laut. Freunde kommen zu Besuch, alle wollen den neuen Hund streicheln. Spätestens dann, wenn die Horde laut schreiend durchs Haus in den Garten rennt, wird sich der ängstliche Hund ins hinterste Eck zurückziehen.

Viele Straßenhunde aus dem Süden haben Probleme mit Geräuschen wie dem Staubsauger (siehe S. 150).

Sicherheitsgeschirr

Bei Spaziergängen sollte der Angsthund immer an einem Geschirr geführt werden. Freilauf darf nur auf einer umschlossenen Wiese mit ausreichend hohem Zaun erfolgen, ansonsten läuft der Hund an der Schleppleine oder der kurzen Leine. Aus einem Halsband hat sich ein Hund ruck, zuck herausgewunden, zudem besteht Verletzungsgefahr an der Nackenwirbelsäule, wenn der Hund bei Panik in die Schleppleine rennt. Doch Obacht, auch aus einem normalen Geschirr kann ein Hund in Panik sich in wenigen Sekunden herauswinden. Für Angsthunde gibt es daher spezielle Sicherheitsgeschirre, die einen zusätzlichen Bauchriemen haben. Eng eingestellt kann ein Hund sich hieraus nur schwer herauswinden. Wichtig ist dabei dennoch, die Leine niemals auf starker Spannung zu halten, da dies das Herauswinden erleichtert. Selbstverständlich muss der Hund auch im Auto gesichert sein. Ist er z. B. im Kofferraum untergebracht, muss er durch eine zusätzliche Leine gesichert werden, damit er nicht beim Öffnen des Kofferraums herausspringen und entlaufen kann.

GPS-Gerät

Sinnvoll ist bei Angsthunden zudem die Verwendung eines GPS-Geräts. Dieses wird z. B. am Geschirr des Hundes befestigt. Mithilfe einer App auf dem Handy kann man, falls der Hund entlaufen ist, den Weg des Hundes verfolgen. GPS-Geräte haben eine Akku-Laufzeit von etwa zwei bis drei Tagen, die in der Regel ausreicht, um einen gerade entlaufenen Hund wieder einzufangen, insofern man weiß, wo dieser sich aufhält. Genau das ist nämlich meistens das Problem. Ein in Panik entlaufener Hund wird sich zunächst einmal verkriechen und abwarten. Oftmals lebt er noch nicht lange bei seiner neuen Familie, sodass er noch keine vertrauensvolle Beziehung zu den Familienmitgliedern aufbauen konnte. Aber auch, wenn bereits eine gute Mensch-Hund-Beziehung besteht, kann der Schreck dazu führen, dass der Hund sich erst einmal zwei bis drei Tage verkriecht. Weiß man nun nicht, wo der Hund sich befindet, können keine weiteren Maßnahmen vorgenommen werden, um den Hund einzufangen. In dieser Zeit wird die Angst des Hundes jedoch immer größer, sodass es von Tag zu Tag schwerer wird, den Hund einzufangen. Leider gilt hier: Je länger ein Hund entlaufen ist, desto geringer werden die Chancen, ihn wieder einzufangen.

Regeln bei entlaufenen Angsthunden

Ist ein Angsthund entlaufen, muss man in jedem Fall vermeiden, den Hund weiter in Panik zu versetzen, indem man ihn bedrängt. Jegliches Locken und jeder aktive Einfangversuch wird in der Regel dazu führen, dass der Hund weiter zurückweicht und immer scheuer wird. Kennt man den Aufenthaltsort des Hundes z. B. durch die Ortung mithilfe eines GPS-Geräts, kann man sich in der Nähe niederlassen. Entweder parkt man das Auto dort und lässt z. B. den Kofferraum offen. Kennt der Hund das Auto bereits als Rückzugszone, kann es sein, dass er hineinspringt. Alternativ kann man sich auch auf einer Decke niederlassen und warten, bis der Hund sich nähert. In keinem Fall sollte man den Hund nun ansprechen. Erst wenn der Hund bis auf die Decke gekommen ist, kann man versuchen, ihn am Geschirr festzuhalten. Auch zur Einrichtung von Futterstellen, die der Hund dann immer wieder aufsucht, wird häufig geraten. Die Futterstelle muss so angelegt sein, dass der Hund sie einfach erreichen kann und sich dort sicher fühlt, andererseits aber auch Alternativen wie der Aufbau einer Lebendfalle oder das Narkotisieren des Hundes möglich sind. Auch Schlafmittel in Nahrungsmitteln kommen zum Einsatz. Beides hat jedoch den Nachteil, dass die Wirkung nicht sofort eintritt, sodass man eine Möglichkeit haben muss, die weitere Bewegung des Hundes zu verfolgen. Mittlerweile gibt es auch viele Suchhundeteams, die sich auf die Tiersuche spezialisiert haben. Hierfür braucht das Suchhundeteam einen Geruchsträger vom Hund. Ein paar Haare vom letzten Bürsten sind hierbei z. B. ideal.

In jedem Fall sollte man die Polizei sowie die in der näheren, aber auch weiteren Entfernung gelegenen Tierheime und auch Tierärzte informieren. Mit viel Glück wird der Hund von einem Passanten eingefangen und abgegeben. Dabei muss eine Telefonnummer angegeben werden, unter der man ständig erreichbar ist. Es sollte eine Registrierung des Hundes mit einem Microchip sofort nach der Ankunft des Hundes in Deutschland erfolgen. Der Chip macht aber nur dann Sinn, wenn Adresse und Telefonnummer der neuen Familie bei der zugehörigen Stelle auch registriert sind. Falls es einen Unfall gegeben hat, ist es zudem wichtig, die Bundespolizei, die für Bahnunfälle zuständig ist, sowie die Autobahnpolizei zu informieren. Auch Straßenmeistereien, Bauhöfe sowie Tierkliniken haben gegebenenfalls Informationen über verunfallte oder bei einem Unfall getötete Hunde. Kontakt zum Jagdausübungsberechtigten kann ebenfalls helfen, da dieser im betreffenden Gebiet unterwegs ist.

Plakate mit Informationen zum Hund sowie einem gut erkennbaren Foto des Hundes sollten überall in der Gegend aufgehängt werden. In der heutigen Zeit können auch soziale Medien wie Facebook genutzt werden, um so viele Menschen wie möglich auf den entlaufenen Hund aufmerksam zu machen. Allerdings kann es passieren, dass Menschen es gut meinen und selbst Einfangversuche starten, anstatt die Familie zu informieren. Dies empfindet der Hund erst recht als Bedrohung und wird sich immer weiter entfernen und immer mehr verwildern.

HOME

Aus der Praxis: Häufige Ängste

Hunde können vor allen möglichen Dingen Angst entwickeln. Einige Angstauslöser kommen bei unseren Vierbeinern jedoch häufiger vor als andere.

Auch wenn es keine detaillierte Anleitung für ein Training bei Angstverhalten von Hunden geben kann, da dieses so individuell ist wie die Hunde selbst, soll an dieser Stelle nun auf einige häufige Ängste und die wichtigsten Trainingsaspekte, die dabei bedacht werden müssen, eingegangen werden. Was für den einen Hund als perfekte Trainingsstrategie erscheint, kann beim anderen wenige oder keine Erfolge erzielen. Daher sind die Trainingswege aus den Fallbeispielen dementsprechend niemals eins zu eins auf andere Hunde übertragbar. Doch jedes Fallbeispiel versucht zu vermitteln, worauf es bei der Therapie der jeweiligen Angst insbesondere ankommt. Die Trainingswege aus den Fallbeispielen bieten daher Anhaltspunkte für das Training eines Hundes mit ähnlichem Angstverhalten. Bei der Anpassung des Trainings muss die jeweilige Persönlichkeit des Hundes berücksichtigt sowie seine Körpersprache beachtet werden. Hast du jedoch Zweifel beim Aufbau des Trainings, solltest du in jedem Fall einen professionellen Hundetrainer hinzuziehen, der eine vollständige Analyse des Hundes, der Mensch-Hund-Beziehung sowie des Angstverhaltens des Hundes vornimmt. Viele dieser Ängste entwickeln sich aufgrund unserer Zivilisation, viele Hunde kommen mit der technisierten Welt, in der wir leben, nicht zurecht. Sie sind überfordert von den Anforderungen, die das Leben in unserer Gesellschaft mit sich bringt und dies insbesondere dann, wenn sie eigentlich aus einer anderen Zivilisation kommen. Beim Menschen würde man dies wohl mit einem „Kulturschock" vergleichen. Viele Ängste sind jedoch auch kulturübergreifend, sie werden von Hunden überall auf der Welt gezeigt.

Die folgenden Fallbeispiele beziehen sich daher auf genau die Ängste, die im Zusammenleben mit Hunden immer wieder auftauchen:

- Angst vor bestimmten Menschen, in diesem Fall vor Männern
- Angst vor Naturereignissen, in diesem Fall vor Gewitter
- Angst vor lauten Geräuschen, in diesem Fall vor Feuerwerk
- Angst vor Haushaltsgeräten, in diesem Fall vor dem Staubsauger
- Angst vor Verkehr, in diesem Fall vor Autos bzw. vor dem Autofahren
- Angst vor dem Alleinbleiben

Susanne ist verzweifelt. Ihr Pudel Enzo fürchtet sich vor Heiko, dem neuen Freund ihrer Tochter. Skeptisch hält er Abstand und flüchtet, sobald Heiko sich in der Wohnung bewegt.

Enzo und seine Angst vor Männern

Eigentlich war Susanne rundum zufrieden mit ihrem Pudelrüden Enzo. Sie hatte ihn mit 14 Wochen als Welpe vom Bauernhof gekauft, kurz nachdem ihre erwachsene Tochter aus dem Haus ausgezogen und ihr Mann gestorben war. Der kleine Pudel schloss sich sofort eng an Susanne an. Enzo zeigte zwar immer wieder einmal leichte Unsicherheiten gegenüber neuen Reizen, aber diese beeinträchtigten das Leben der beiden nicht wirklich. Es kamen nicht viele Besucher ins Haus, ab und an traf Susanne sich mit ihrer Tochter bzw. mit einer langjährigen Freundin. Den beiden gegenüber war Enzo anfangs etwas zurückhaltend, er taute jedoch relativ schnell auf, sodass es keine größeren Probleme gab. Alles ging so lange gut, bis zu dem Zeitpunkt, an dem ihre Tochter mit ihrem neuen Freund Heiko zusammenzog. Denn nun kam auch Heiko mit zu den Besuchen, was Enzo stark verunsicherte. Der kleine Pudel zeigte große Angst vor Heiko. Sobald dieser etwas von ihm wollte, flüchtete Enzo vor ihm in die hinterste Ecke. Nur wenn Susanne zwischen Enzo und Heiko saß, traute er sich etwas näher heran, suchte jedoch immer Schutz bei Susanne.

Enzos Vergangenheit auf der Spur

Enzo kommt von einem Bauernhof. Die Welpen wurden dort im Stall gehalten, sodass sie kaum Alltagsreize kennenlernen konnten. Dies ist die Ursache für Enzos leichte Unsicherheit neuen Reizen gegenüber. Für die Versorgung der Welpen waren die Frau sowie die Tochter des Bauern zuständig, andere Personen hat Enzo in dieser Zeit nicht kennengelernt. Da Susanne Enzo erst im Alter von 14 Wochen vom Bauernhof geholt hat, konnte er in der frühen Sozialisierungsphase kaum Erfahrungen mit verschiedenen Menschen machen. An Susanne schloss er sich direkt an, da er an den Umgang mit Frauen gewöhnt war. Da Susanne eher ruhig und abgeschieden lebt, hatte Enzo aber auch weiterhin keine Möglichkeit, viele unterschiedliche Erfahrungen zu machen. Die einzigen Besucher, die er kennenlernte, waren ebenfalls Frauen. Männer kannte er bis zu dem Zeitpunkt, an dem Susannes Tochter ihren Freund Heiko mitbrachte, im Grunde genommen überhaupt nicht näher.

Schon beim ersten Kontaktversuch machte Enzo einen großen Bogen um Heiko, dies ist bis heute so geblieben. Betritt Heiko den Raum, sucht Enzo die andere Zimmerecke auf oder verlässt den Raum. Manchmal bellt er auch, wenn Heiko das Zimmer betritt. Dabei läuft er rückwärts und nutzt die nächste Gelegenheit, um aus der für ihn unangenehmen Situation zu entkommen. Auch mit dem leckersten Futter ist Enzo nicht zu locken, im Gegenteil: Oft traut er sich bei Heikos Anwesenheit überhaupt nicht zu fressen. Gehen alle gemeinsam spazieren, läuft Enzo die ganze Zeit an Susannes Seite und meidet die Nähe zu Heiko.

Mehr Vertrauen Frauen gegenüber

Seitdem das Problem mit Heiko bekannt ist, fällt Susanne immer mehr auf, dass Enzo nicht nur Heiko gegenüber skeptisch ist, sondern generell allen Männern gegenüber. Sobald der Postbote klingelt, verschwindet Enzo in sein Körbchen. Susanne hatte sich bisher immer darüber gefreut, da sie so stressfrei die Tür öffnen und die Post annehmen konnte, ohne dass sie auf Enzo achten musste. Auch der Postbote freute sich immer über den „gut erzogenen" Hund, der brav in seinem Körbchen liegen blieb. Kommt dagegen z. B. die Leiterin des Kirchenchors, um neue Noten vorbeizubringen oder einen Termin durchzugeben, kommt Enzo mit Susanne zur Tür. Auch wenn er nicht direkt vorläuft, um den Besuch zu begrüßen, lässt er sich zumindest streicheln, wenn die Chorleiterin sich hinhockt und ihn freundlich anspricht. Ähnliche Beobachtungen macht Susanne nun auch häufiger im Alltag. Enzo scheint also nicht speziell mit Heiko ein Problem zu haben, sondern generell mit Männern!

Die Ursache für Enzos Angst scheint geklärt. Enzo hat in der wichtigen Sozialisierungsphase in der Welpenzeit kaum Männer kennengelernt. Wenn überhaupt kam ab und an der Bauer zu den jungen Hunden, der jedoch schnell genervt war und mit lauter Stimme die Welpen verscheuchte. Und auch in der darauffolgenden Zeit bei Susanne wurde Enzo ausschließlich von Frauen betreut. Enzo lernte, dass von Männern in der Regel nichts Gutes zu erwarten ist, Frauen jedoch Futter und soziale Nähe bedeuten. Enzo muss nun lernen, seine Skepsis, Unsicherheit und Angst Heiko gegenüber, aber auch allgemein in Bezug auf Männer, zu überwinden. Einerseits ist Susanne ganz froh, einen Hund zu haben, der auf einem Spaziergang nicht gleich auf jede beliebige Person zurast, andererseits werden die Besuche ihrer Tochter zu einem Spießrutenlauf, sodass diese schon gar nicht mehr kommen mag. Und weil es allen weh tut, den Hund dabei zu beobachten, wie er sich zurückzieht, sobald Heiko den Raum betritt, ist der Handlungsbedarf groß.

Sobald Heiko versucht, Kontakt mit Enzo aufzunehmen, zeigt dieser große Angst und weicht aus.

An Enzos Verhalten ist klar zu erkennen, dass er nicht nur unsicher Männern gegenüber ist, sondern Angst hat. Wäre er nur unsicher, würde er sich zwar vorsichtig nähern, es wären aber auch Tendenzen von Neugierde vorhanden. Aufgrund seiner Angst jedoch zeigt er überwiegend Meideverhalten. Daher ist es wichtig, eine Vertrauensperson für Enzo zu schaffen, mit der er dann gemeinsam in einem zweiten Schritt die Angst überwinden kann. Diese Person kann nur Susanne werden. Denn ihr gegenüber hat Enzo keinerlei Skepsis, die beiden leben seit zwei Jahren problemlos zusammen. Von nun an übernimmt Susanne auch für Enzo deutlich sichtbar die Verantwortung. Sie geht z. B. vor Enzo aus dem Haus und erst nach ihm wieder hinein. So kann sichergestellt werden, dass der Rüde nicht gleich zu Beginn des Spaziergangs einem Mann begegnet. Enzo lernt dadurch, dass keine Gefahr droht, wenn Susanne die Lage zuvor gesichtet hat. Auch auf Spaziergängen legt Susanne den Rüden an unübersichtlichen Stellen wie Weggabelungen oder Abzweigungen stets kurz ab, sichtet die Lage und geht dann ruhig und gelassen mit Enzo weiter.

Klare Regeln im Alltag und Teamarbeit

Im Alltag werden klare Regeln aufgestellt und damit eindeutig festgelegt, was Enzo darf und was nicht. Die damit durchaus einhergehenden Einschränkungen für den Rüden sollen ihn nicht etwa seiner Freiheit berauben, sondern ihm Sicherheit geben.

Susanne trainiert viel mit Enzo, die Jagd nach Futterstücken macht ihm viel Spaß. Wichtig ist jedoch, dass Susanne bestimmt, wann Zeit für ein gemeinsames Spiel ist.

Da Enzos Körbchen, in das er sich zurückzieht, wenn er sich bedrängt fühlt, bereits an einem eher ruhigen Ort steht, braucht Susanne in Bezug auf den Liegeplatz von Enzo nichts verändern. Enzo liegt gern in seinem Körbchen, tagsüber, wenn Susanne arbeitet, liegt er oft dort und schläft vollkommen entspannt.

Allerdings darf Enzo das gemeinsame Spiel mit Susanne nicht mehr einfordern. Enzo liebt es, Tricks mit Susanne zu machen. Sitz, Platz, Pfötchen geben, Männchen machen, die Liste der Tricks, die Enzo beherrscht, ist lang. Mehrmals am Tag kam er bisher zu Susanne, setzte sich vor sie und stupste sie mit der Nase an. Dies war für Susanne das Zeichen, ein paar Leckerlis zu holen und mit Enzo zu trainieren. Schließlich sollte er ja auch etwas lernen! Wenn Enzo nun ankommt und sein Spiel einfordert, ignoriert Susanne ihn. Anfangs fällt es ihr noch schwer, denn sie darf den Rüden nicht einmal anschauen. Und er sieht doch so niedlich aus, wie er da vor ihr sitzt! Schnell lernt Enzo, dass offensichtlich nun Susanne bestimmt, wann es Zeit für ein Spiel ist, denn er kommt immer seltener zu ihr, um ein Spiel einzufordern. Natürlich spielen die beiden aber weiterhin viel miteinander, denn es ist wichtig, dass Enzo ausreichend beschäftigt wird. Das Tricktraining wird immer weiter ausgebaut. Damit Enzo nicht zu dick wird, bekommt er zur Belohnung einen Teil seiner Futterration.

Auch die Spaziergänge werden spannend gestaltet. Mal wird ein Futterbröckchen über den Boden gerollt und Enzo darf hinterherspringen und es „erjagen", mal wird eine Handvoll Futter hinter einem Baum versteckt oder in Erde eingebuddelt, und mal gibt es eine Futterbelohnung, wenn Enzo sich z. B. traut, über einen Baumstamm zu balancieren. Schafft er solche Herausforderungen neuer Reize, wirkt er sehr stolz und entwickelt so nach und nach ein immer größeres Selbstvertrauen. All diese Veränderungen formen aus Susanne und Enzo ein Team, Enzo beginnt mehr auf Susanne zu achten.

Sicherheit bei Susanne

Fremden Männern, die sie beim Spaziergang treffen, weicht Susanne in den ersten Trainingswochen aus. So zeigt sie ihrem Rüden, dass sie die potenzielle Gefahr ebenfalls bemerkt hat. Wichtig ist, dass dies ruhig und gelassen geschieht. Ein hektisches sofortiges Umdrehen würde Enzo eher beunruhigen. Susanne läuft also nicht schnell weg, sondern weicht nur in einem kleinen Bogen aus und erhöht damit den Abstand zu den Fremden. Dadurch gerät Enzo gar nicht erst in Stress, denn seine Individualdistanz wird schließlich nicht unterschritten. Bald muss sich Susanne nur noch schützend vor Enzo stellen, um ihn vor fremden Männern abzuschirmen, anstatt in einem Bogen auszuweichen. Susanne bleibt in solchen Situationen immer locker und grüßt die Passanten freundlich. Durch ihr Auftreten vermittelt sie, dass sie keine Angst vor Männern hat und dass kein Grund zur Flucht besteht. So weicht Enzo Männern immer weniger aus und sucht stattdessen Susannes Nähe.

Begegnungen auf dem Spaziergang

Schwierig wird es, wenn Enzo von fremden Männern angestarrt wird. Der kleine Rüde erweckt oft die Aufmerksamkeit anderer, weil er so niedlich ist. Dieses „Angesehenwerden" empfindet Enzo aber häufig als Bedrohung, vor allem, wenn es von großen, kräftigen Männern ausgeht. Für einen auf Menschen gut sozialisierten Hund hat das Angesehenwerden keinen bedrohlichen Charakter. Für Hunde wie Enzo bedeutet es jedoch höchste Bedrohung durch das Gegenüber. Selbst wenn er hinter Frauchen sitzt, fühlt er sich in solchen Situationen unwohl. Er beschwichtigt, indem er die Ohren anlegt und den Blickkontakt vermeidet. Oft geht er auch ein paar Schritte zurück, um die Distanz zu vergrößern. Wichtig ist, dass Susanne Enzos Verhalten in diesen Situationen akzeptiert, da es sonst schnell zu einem Vertrauensbruch kommen kann. Enzo muss die Möglichkeit haben, der Situation ein Stück auszuweichen.

Heiko reagiert auf Susannes „Signale". Er bringt ihr die Zeitung.

Kommen hundebegeisterte Menschen auf die beiden zu, verwickelt Susanne sie sogleich in ein Gespräch. So verhindert sie, dass die Passanten ununterbrochen auf Enzo starren. Von ihrem eigentlichen Vorhaben, Spaziergänger über Enzos Angst, angestarrt zu werden, zu informieren, nimmt Susanne schnell Abstand. Denn häufig führt dies dazu, dass sich die Passanten zu ihm hinabbeugen, die Hand ausstrecken und sagen: „Aber vor mir brauchst du doch keine Angst zu haben!"

Diese gutgemeinte Geste hilft Enzo bei seiner Angst natürlich nicht. Im Gegenteil, das Hinunterbeugen und aus Hundesicht bedrohliche Annähern verschlimmert die Situation, vor allem zu Beginn des Trainings. Um solch angebliche Hundekenner macht man in dem Fall am besten einen großen Bogen. Erst im späteren Trainingsschritt kann Susanne Passanten gezielt zu Übungszwecken nutzen.

Eine schwierige Aufgabe für Heiko

Heiko hat in dieser Zeit die Aufgabe, nichts zu tun und sich möglichst neutral zu verhalten. Jedes weitere Locken, gute Zureden und Annähern an Enzo macht den Vierbeiner nur skeptischer. Durch Heikos neutrale Art kann Enzo zu Hause entspannen und lernen, dass von ihm keine Gefahr ausgeht und er bei dessen Besuchen nicht ständig auf der Hut sein muss. Heikos „Desinteresse" macht Enzo sogar etwas neugierig und er beginnt nun von sich aus, den Abstand beim Vorbeilaufen ein wenig zu verringern. Zudem sieht Enzo bei Heikos Besuchen, dass Susanne Kontakt zu Heiko hat, ohne dass bedrohliche Dinge geschehen.

Mehr Sicherheit für Enzo

Betritt Heiko das Zimmer, schaut Enzo mittlerweile nur noch kurz auf, hat aber nicht mehr das Bedürfnis, den Raum zu verlassen. Würde Heiko diese Neugier jedoch ausnutzen, um Enzo erneut zu berühren, würde das Training scheitern. Denn noch ist Enzo sehr unsicher! Eine unerwartete Bewegung bzw. Heikos Aufmerksamkeit würden ihn erneut in die Flucht schlagen. Deshalb ist es wichtig, dass Heiko nach wie vor so tut, als ob er Enzo gar nicht wahrnimmt. Das entspanntere Verhalten von Enzo Heiko gegenüber liegt sicher auch daran, dass Susanne sich immer vor ihn stellt, wenn Heiko hereinkommt.

Gleichzeitig manövriert sie Heiko durch den Raum. Durch Signale und Gestik gibt sie ihm genaue Anweisungen, wo er sich z. B. hinsetzen soll. Während des Besuchs bittet sie ihn z. B. auch, ihr doch noch die Zeitschrift vom Sofa zu reichen. Dazu nutzt sie Worte, die Enzo als Signale aus dem Training mit Susanne kennt. Soll Heiko ihr z. B. die Zeitung reichen, schickt sie ihn mit „Bring" mir die Zeitung. Danach wird Heiko mit „Sitz" und „Bleib" wieder auf das Sofa dirigiert. Was sich ein bisschen wie Vorführen anhört, hat den Zweck, Enzo zu vermitteln, dass Susanne alles unter Kontrolle hat. Das wiederum führt bei Enzo zu einem enormen Vertrauensgewinn und Sicherheitsempfinden.

Annäherung mit viel Geduld

Nach einigen Wochen des Vertrauensaufbaus ist es Zeit für den nächsten Trainingsschritt. Von nun an trainiert Susanne gezielt mit Enzo, wenn Heiko anwesend ist. Zunächst scheint er dabei nur wie zufällig im Raum zu sein. Das heißt, er sitzt unbeteiligt auf dem Sofa und tut so, als ob die beiden gar nicht im Raum wären. Dadurch wirkt Heiko unbedrohlich. Der ursprüngliche Plan sah vor, dass Heiko auf dem Boden sitzt, um noch kleiner und harmloser zu wirken. Dies schien Enzo aber stark zu irritieren, da er auf dem Boden sitzende Menschen wohl nicht kennt. Auch wenn Susanne auf dem Boden sitzt, wirkt der Rüde angespannt. Susanne und Enzo machen daher ihre Übungen, während Heiko in ca. drei Metern Entfernung auf dem Sofa sitzt. Da Enzo keine Schwierigkeiten hat, trotz Heikos Anwesenheit Signale auszuführen und zu fressen, können sich die drei im nächsten Schritt näher aneinander heranwagen. Durch sukzessive Approximation (siehe S. 114) verliert Enzo immer mehr seine Scheu und Skepsis Heiko gegenüber. Wichtig ist, dass Susanne nach wie vor als Puffer zwischen den beiden fungiert. Das bedeutet, dass sie sich immer zwischen Enzo und Heiko befindet und die Kekse in die andere Richtung fliegen. Aus den anfänglichen drei Metern Abstand werden allmählich nur noch zweieinhalb, dann zwei, bis Susanne letztendlich direkt neben Heiko steht.

Bei der Jagd nach Futter traut sich Enzo ganz nah an Heiko, obwohl dieser frontal zu ihm steht.

Jagd nach Futter

Susanne wählt als Beschäftigung gezielt die Jagd nach Futter, da Enzo sich durch die aktive Bewegung viel mehr traut und viel entspannter ist. Im nächsten Schritt werden die Futterstückchen nun auch Richtung Heiko geworfen, Susanne steht also nicht mehr als Puffer zwischen Enzo und Heiko. Anfangs sitzt Heiko nach wie vor auf dem Sofa, später stellt er sich sogar hin. Da er nun wieder viel größer und bedrohlicher wirkt, ist es wichtig, das Training auf diese Situation neu anzupassen. Die Distanz wird erhöht und Heiko dreht sich anfangs seitlich zu Susanne und Enzo, um körpersprachlich zu vermitteln, dass er nicht auf einen Konflikt aus ist. Erst später steht Heiko dann auch frontal zu Enzo, Heiko darf die beiden nun auch beobachten. Anstarren ist immer noch tabu, aber Enzo soll nun ruhig merken, dass Heiko ihnen zusieht. Dies ist bereits nach einer Woche kein Problem mehr und bedeutet einen großen Fortschritt.

Das Futter wird bei diesem Training nun einmal in Richtung Heiko und einmal weg von ihm geworfen. An- und Entspannung im Wechsel führen zum Erfolg. Geht es Richtung Heiko, kann man beobachten, dass Enzo ihn stärker im Blick behält. Er holt sich das Futter mit lang nach vorn gestrecktem Körper, sodass er sich immer noch die Option zur Flucht aufrechterhält. Erst als Enzo dem Futter gelassener nachjagt bzw. entspannter die Übungen ausführt, wird der Abstand weiter verkürzt.

Heiko übernimmt das Training

Nun kommt Bewegung ins Training! Heiko geht langsam durch die Wohnung, denn es soll irgendwann möglich sein, dass er sich ganz normal im Haus bewegen kann, ohne den Hund in die Flucht zu schlagen. Die Übung folgt demselben Prinzip wie bisher: Erst wird in größerem Abstand gearbeitet, um sich dann schrittweise immer mehr anzunähern. Dabei ist es immer Susanne, die sich zuerst näher an Heiko „heranwagt". Erst im zweiten Schritt hat Enzo direkten Kontakt zu Heiko. Funktioniert auch das gut, setzen sich Susanne und Heiko beide aufs Sofa. Ab jetzt darf Heiko das Futter werfen und die Signale aussprechen. Selbstverständlich ohne ausladende Wurfbewegung und lautstarke Stimme, sondern sacht aus dem Handgelenk und mit leiser Stimme, um Enzo nicht erneut zu erschrecken. Zunächst sitzt Heiko wieder, dann stellt er sich hin, und zu guter Letzt kann er sich auch ganz normal im Raum bewegen. Musste er anfangs das Futter auf den Boden werfen, ist es ihm nun möglich, Enzo aus der Hand zu füttern.

Allein mit Heiko

Für die Beziehung von Heiko und Enzo ist es entscheidend, dass sich Heiko auch allein mit Enzo beschäftigt. In diesen Situationen lernt der Rüde, sich auch auf Heiko zu verlassen. Dieser kann das Training mit Enzo zwar auf dem von Susanne aufbauen, muss sich jedoch selbst einen Zugang zu Enzo verschaffen. Hunde sind keine Maschinen, denen man einmal eine Übung beibringt und die diese Aufgabe dann immer und bei jedem ausführen. Vielmehr handelt es sich hier um soziale Lebewesen, für die persönliche Beziehungen eine große Rolle spielen. Heiko beginnt daher auch erst einmal mit einer etwas einfacheren Übung, der Jagd nach Keksen, bevor er Signale und Tricks wie „Sitz-Bleib" und „Pfötchen geben" mit Enzo übt. Schließlich ist Enzo so weit, dass er auch nur mit Heiko spazieren geht.

Gewöhnung an ein Brustgeschirr

Enzo folgt Heiko nun auch bereitwillig an der Leine, nur das An- und Ableinen stellt ein Problem dar. Das Herumhantieren im Halsbereich ist für Enzo noch zu viel. Deshalb wird er an ein Brustgeschirr gewöhnt. Diese Gewöhnung übernimmt zunächst einmal wieder Susanne. Sie darf dabei jedoch nicht mit der „Hauruck-Methode" vorgehen, indem sie Enzo das Geschirr einfach anlegt. Wer mit Zwang irgendwo hineingesteckt wird, entwickelt Abwehrverhalten. Viele Hunde flüchten daher schon dann, wenn ihr Mensch nur mit dem Brustgeschirr in der Hand ankommt. Susanne verbindet

Nach einiger Zeit kann Heiko allein mit Enzo arbeiten. Die Jagd nach Futter macht beiden Spaß.

Enzo kennt auch viele Tricks, die Heiko im Training mit ihm nutzen kann.

Schon nach wenigen Wochen ist Heiko in die Familie integriert, Enzo zeigt keine Angst mehr vor ihm. Er liegt vollkommen entspannt zwischen Heiko und Susanne auf dem Sofa.

das Anlegen daher mit etwas Schönem, wie z. B. Streicheleinheiten oder Futter. Je nach Hund kann es nötig sein, das An- und Ablegen des Geschirrs zunächst einige Male zu üben, bevor das Brustgeschirr über einen längeren Zeitraum am Hundekörper bleibt. Daher legt Susanne das Geschirr zu Beginn nur für kurze Zeit an. Sobald Enzo das Geschirr akzeptiert und sich gar nicht mehr daran stört, kann Susanne den ersten kleinen Ausflug mit ihm am Geschirr unternehmen. Unterwegs lenkt Susanne Enzo mit kleinen Beschäftigungsspielen ab, damit er sich nicht auf das Brustgeschirr konzentriert. Das erleichtert die Gewöhnung.

Mithilfe des Brustgeschirrs muss Heiko nicht mehr im Hals- und Kopfbereich von Enzo hantieren, sondern kann viel leichter und problemloser die Leine an Enzos Rücken einhängen, eine für beide deutlich entspanntere Variante.

Umgang mit Besuchern

Mit anderen Besuchern verfährt Susanne ähnlich wie beim Trainingsaufbau mit Heiko: Zunächst soll der Besuch Enzo ignorieren und sich von Susanne ein wenig durch die Wohnung manövrieren lassen. Enzo kann das alles von seinem Liegeplatz aus beobachten. Dann werden Übungen in Anwesenheit der Besucher durchgeführt, Enzo nähert sich dabei den Fremden immer mehr an, bis diese ebenfalls Futterstückchen werfen können. Männer, die häufiger zu Besuch kommen, duldet und akzeptiert Enzo inzwischen, auch wenn sich seine Begeisterung in Grenzen hält. Seine Angst sitzt zu tief, als dass sie komplett verschwinden würde.

Auswahl des Trainingsortes

Es kann von Vorteil sein, das Training im Freien zu beginnen. Hier haben Hunde sowohl subjektiv als auch objektiv gesehen mehr und bessere Möglichkeiten zur Flucht. Sie fühlen sich deshalb in ihrer Individualdistanz nicht so schnell bedroht, weil sie immer noch die Möglichkeit haben, sich der Situation zu entziehen. Bei Enzo hat sich Susanne jedoch bewusst für ein Training in der Wohnung entschieden. Hier fühlt er sich sehr sicher und es gibt weniger Ablenkungen. Hinzu kommt, dass es bei „Furcht vor Menschen bzw. Männern" schwierig ist, draußen Orte zu finden, an denen die Angstauslöser nicht auftreten. Das Erlernen von neuen Dingen ist jedoch nur möglich, wenn eine entspannte Atmosphäre gegeben ist.

Manche Hunde reagieren bei Angst vor z. B. Gewitter nur auf das Geräusch. In diesen Fällen kann mithilfe einer Geräusch-CD eine systematische Desensibilisierung vorgenommen werden.

Peanut und seine Panik bei Gewitter

Vor zwei Monaten übernahmen Sandra und ihr Sohn Patrick den sechsjährigen Appenzeller Sennenhund-Rüden Peanut von einem Mann, der sich leider von ihm trennen musste. So langsam gewöhnten die drei sich aneinander, Alltag und Routine kehrten ein und alle Beteiligten genossen das Zusammenleben. Nach einer entspannten Anfangszeit spielte sich nun Folgendes ab:

Zum ersten Mal, seitdem die drei zusammenleben, zieht ein Unwetter auf – und was für eines! So heftig hat es schon lange nicht mehr geblitzt und gedonnert. Sandra und Patrick laufen eilig durch die Wohnung, um alle Stecker zu ziehen, als sie bemerken, dass Peanut sich an der Schiebetür des Kleiderschranks zu schaffen macht, um kurze Zeit später im Schrank zu verschwinden. Da es sehr dunkel ist, schauen die beiden nun mit einer Taschenlampe nach ihrem neuen Rudelmitglied und blicken in weit aufgerissene Augen, als sie die Tür des Kleiderschranks öffnen. Ihr Bauchgefühl sagt ihnen, Peanut im Kleiderschrank zu lassen, und so schließen sie die Tür bis auf einen Spaltbreit wieder und setzen sich ins Wohnzimmer. Nach zehn Minuten ist das Gewitter vorbei und nach weiteren zwanzig Minuten traut sich der Rüde endlich wieder aus dem Schrank.

Situation beim Vorbesitzer

Als es am nächsten Tag wieder gewittert, rast Peanut erneut zum Schrank, findet dieses Mal jedoch eine verschlossene Tür vor. In Panik schießt er in die nächste Zimmerecke, über den PC-Turm und Drucker hinweg und bleibt fast noch in den Kabeln hängen. Jetzt rufen Sandra und Patrick den Vorbesitzer an, um zu fragen, wie er mit Peanut in solchen Fällen umgegangen ist.

Der Wahrheit auf der Spur

Im Gespräch stellt sich heraus, dass der Vorbesitzer solch extremes Verhalten nie festgestellt hat. Zwar verkroch sich Peanut bei Gewitter immer in eine dunkle Zimmerecke, eine leichte Unsicherheit bei Gewitter war also schon vorhanden. Den Schrank hat er jedoch nie aufgesucht und auch das panische Verhalten war dem früheren Hundehalter fremd. Häufig wird in solchen Fällen vermutet, dass der Vorbesitzer nur die halbe Wahrheit erzählt und das Problem verschweigt. Auch wenn dies eine Erklärung sein kann, gibt es noch weitere mögliche Gründe: Zum einen lebt Peanut noch nicht lange in seinem neuen Zuhause, sodass er sich eventuell noch unsicher fühlt, vor allem dann, wenn es um Situationen außerhalb des normalen Alltags geht. Zum anderen hat ihn vielleicht auch irritiert, dass Sandra und Patrick auf einmal hektisch durch die Wohnung gelaufen sind und überall die Stecker gezogen haben. Was jedoch am ehesten für den starken Ausprägungsgrad der Angst spricht, ist die Tatsache, dass er aus dem ersten Stock eines Mehrfamilienhauses in eine Dachgeschosswohnung gezogen ist. Die schrägen, großen Fenster, die ins Dach eingelassen sind, bieten einen unmittelbaren Blick in den Himmel. Blitze, die er in der früheren Wohnung immer nur indirekt durch das Aufflackern von Licht wahrgenommen hat, kann er im neuen Heim genau sehen. Auch der Donner und der aufs Fenster prasselnde Regen sind bei Sandra und Patrick viel lauter als in der alten Wohnung. Diese präsenteren und lauteren Reize sind vermutlich der Hauptgrund, warum Peanut ein einfaches Zurückziehen in eine Zimmerecke nicht mehr ausreicht. Er muss einen sichereren Zufluchtsort finden, in dem er den aufflackernden Blitzen entgehen kann.

Einsatz von Geräusch-CDs oder Apps

Sandra und Patrick besorgen sich eine Geräusch-CD, um Peanut an die Geräusche bei Gewitter zu gewöhnen. Auf einer solchen CD befinden sich in der Regel verschiedene Geräusche, vor denen Hunde oft Angst haben, wie z. B. die Geräusche von Gewitter, Feuerwerk, Schüssen oder auch einer Blaskapelle. Als die CD eingelegt wird, nähert sich Peanut interessiert den Lautsprecherboxen. Von Angst oder gar Panik ist nichts zu bemerken. Das liegt daran, dass Ängste vor Geräuschen oft nicht nur mit dem Geräusch selbst, sondern mit weiteren Faktoren im Gehirn abgespeichert werden. Bei Gewitter riecht es anders, die Lichtverhältnisse verändern sich und es sind andere Schwingungen in der Luft wahrnehmbar. Gewitter bedeutet für Peanut also weit mehr als das Geräusch des Donners.

Schritt für Schritt wird die Geräusch-CD immer lauter gestellt, der Hund soll dabei entspannen.

Kein Erfolg durch Desensibilisierung

Das Problem bei Gewitterangst ist, dass man sie schlecht desensibilisieren kann. Die Angstauslöser sind nicht kontrollierbar, man kann ihre Intensität, also z. B. Lautstärke und Distanz, nicht regulieren. Und genau das macht ein Training so schwierig. Weil immer wieder unverhofft mit einem Gewitter zu rechnen ist, besteht die Gefahr, dass in diesem Augenblick alles bisher Aufgebaute und Geübte sofort wieder zunichtegemacht wird. Hat man einen Hund, der auf Geräusch-CDs reagiert, kann man Lautstärke und Distanz genau auf den jeweiligen Trainingsstand anpassen und hat damit viel gewonnen. Aber es darf trotzdem nicht „ungeplant" gewittern. Mit einer Desensibilisierung ist man bei einer Gewitterangst also nur selten erfolgreich. Wie lässt sich Hunden wie Peanut trotzdem helfen?

Mehr Sicherheit in einer Box

Damit Peanuts Sicherheitsgefühl vom Kleiderschrank unabhängig wird und er sich bei der nächsten Panikattacke nicht verletzt, wird er an eine große Transportbox gewöhnt. Diese Boxen gibt es in den unterschiedlichsten Größen, Materialien und Ausstattungsformen. Bei einer Gewitterangst ist es wichtig, dass es sich um eine rundum geschlossene Box handelt, durch die der Hund wenig nach außen sehen kann. Es soll ein Höhlencharakter entstehen, was bei einer Box aus Metallstäben nur bedingt möglich ist. Im Idealfall akzeptiert der Hund die Box und sucht sie auch als Liegeplatz auf, weshalb sie so groß sein sollte, dass er sich darin auf die Seite legen, hinstellen und sich setzen kann.

Kennt ein Hund noch keine Box, muss man ihn zunächst daran gewöhnen. Je nachdem, wie sensibel der Vierbeiner ist, kann es sinnvoll sein, bei einer Box aus Kunststoff zunächst nur die untere Hälfte der Box als eine Art Körbchen zu etablieren, bevor sie zusammengesetzt aufgebaut wird. Meistens kann man das Training aber auch direkt mit der kompletten Box beginnen. Lässt sich die Tür aushängen, entfernt man diese zunächst, damit der Hund beim Rein- und Rausgehen von einer eventuell klappernden oder zufallenden Tür nicht irritiert oder gar verängstigt wird. Besonders wichtig ist, dass die Box sicher steht. Man kann sich gut vorstellen, wie leicht beispielsweise eine Kunststoffbox auf Laminat wegrutscht, wenn der Hund gerade hineinsteigen will. Aber auch in der Box sollte es trittfest sein. Lose Decken kann man mit doppelseitigem Klebeband fixieren, damit gerade dynamische Hunde beim schwungvollen Hineinspringen nicht mit der Decke ans Ende der Box rutschen. Schließlich soll die Box helfen, mit einer Angst besser klarzukommen. Da macht es wenig Sinn, wenn der Hund vor der Box Angst entwickelt!

Über Futterspiele lernt Peanut die Box kennen. Er holt problemlos das Futter aus der Box.

Lockmittel Futter oder Spielzeug

Zeigt ein Hund wenig Berührungsangst mit dem neuen Mobiliar, kann man dies loben oder mit Futter verstärken. Ist der Hund jedoch skeptisch, darf man ihn auf keinen Fall zu irgendetwas zwingen. Man kann die Box einfach eine Weile stehen lassen, damit er sich an den Anblick gewöhnt und von ganz allein neugierig wird. Später kann man dann auch mal ein Futterstück in die Box hineinwerfen, zunächst ganz vorn, im weiteren Verlauf immer weiter hinten, bis der Hund die Box ganz betreten muss, um an das Futter zu gelangen. Im nächsten Schritt wirft man mehrere Futterstücke in die Box, sodass der Hund bereits für längere Zeit in dieser bleiben muss, wenn er alle Futterstücke fressen will. Spielt ein Hund gern, kann man sich mit ihm auch auf diese Weise der Box nähern. Wie zufällig landet das Spielzeug dann direkt vor dem Eingang und ähnlich wie das Futter immer weiter in der Box.

Begehrlichkeiten wecken

Als weitere alternative Trainingsmöglichkeit kann man das Lieblingsspielzeug des Hundes, das bevorzugte Kuscheltier oder das heiß begehrte Schweineohr auch in die Box legen und die Tür verschließen. Der Hund wird sich nun wünschen, auch in dieser Box zu sein. Allerdings darf man die Tür jetzt nicht zu schnell öffnen, der Vierbeiner soll ruhig etwas Frust haben, nicht an das Spielzeug zu kommen. Es soll ja etwas ganz Besonderes sein, wenn sich die Tür endlich öffnet und er hineindarf. Der Hund darf den Kauartikel nun auch in der Box fressen. Verlässt er die Box mit dem Kauartikel, nimmt man ihm diesen wieder weg, um ihn dann erneut in der Box anzubieten.

Umgang mit schwierigen Situationen

Nachdem sich Peanut in seiner Box wohl fühlt und ohne Zögern hinein und hinaus geht, soll er nun in einem nächsten Trainingsschritt merken, dass ihm die Box auch Sicherheit gibt bzw. dass er sein Sicherheitsempfinden selbst steuern kann. Dazu wollen Sandra und Patrick ein alltägliches Geräusch nutzen, das Peanut nicht besonders mag, das jedoch keine Angst oder Unsicherheit bei ihm auslöst. Sandra fällt daraufhin ein, dass der Rüde immer aus dem Raum geht, wenn Patrick ein bestimmtes Computerspiel spielt. Patrick beginnt also zu spielen und noch bevor Peanut sich unwohl fühlt, schickt Sandra ihn in die Box. Kaum ist er drin, hört Patrick auf zu spielen. Im nächsten Schritt verlängert Patrick nach und nach sein Computerspiel. Peanut lernt so, dass er die unangenehmen Reize zwar nicht beeinflussen oder ausschalten kann, sich in der Box jedoch einigermaßen sicher und beschützt fühlt.

Beim nächsten Gewitter verzieht sich Peanut in seine Box, während Sandra ruhig die Rollos herunterlässt und Patrick das Radio einschaltet. Beide Maßnahmen dienen dazu, die Reize des Gewitters ein wenig zu überdecken. Wenn Peanut die Blitze dank Jalousien nicht mehr sieht und den Regen und Donner weniger stark hört, ist die Situation für ihn deutlich harmloser.

Peanuts Angst vor Gewitter kann zwar nicht geheilt werden, durch das Verhalten seiner Menschen und das Training mit der Box wird es ihm aber leichter gemacht, diese Angst auszuhalten bzw. damit umzugehen. Das ist leider oft alles, was bei Gewitterangst möglich ist – häufig bringt es aber eine so große Erleichterung, dass nicht nur die Phasen der Angst vor und nach dem Gewitter immer kürzer werden, sondern auch die Angst während des Gewitters auf ein erträgliches Maß reduziert wird.

Kauartikel, wie z. B. ein Rinderohr, bekommt Peanut nur noch in der Box angeboten.

Bald liebt er seine Box und sucht sie häufig freiwillig auf. Auch die kurzzeitig geschlossene Tür beunruhigt ihn nicht.

Monty und ein Jahreswechsel mit Folgen

Ab dem 29. Dezember wird Mischlingsrüde Monty jedes Jahr aufs neue nervös. Der Grund: Die Silvesterknaller und Raketen, die schon Tage vor dem eigentlichen Ereignis gezündet werden, jagen ihm einen gehörigen Schreck ein. Mit dieser Angst steht Monty nicht allein da. Im Gegenteil: Auch Hunde, die eine ständige Geräuschkulisse gewohnt sind, können Angst vor Gewitter, Schüssen und Silvesterknallern entwickeln. Das liegt daran, dass diese Geräusche im Vergleich zu anderen eine hohe Intensität haben und in der Regel sehr laut sind. Das Problem dabei ist, dass Hunde sich gerade diesen Geräuschen meist nicht entziehen können. Auch wenn Monty noch so aufgeregt hin und her läuft und versucht, unter der Eckbank, hinter der Waschmaschine oder unter dem Bett Schutz zu suchen – er kann dieser Situation einfach nicht entkommen, denn die Raketen sind überall zu hören. Diese Unkontrollierbarkeit der Situation, die fehlende Möglichkeit, Einfluss zu nehmen, führt dazu, dass Monty seinen Stress nicht abbauen kann. Als natürliche Reaktion darauf wächst die Angst.

Falsche Verknüpfung

Silvester war der Mischlingsrüde noch nie richtig entspannt. Sowohl die Tage vor als auch einige Tage nach der Jahreswende geht er nur äußerst ungern aus dem Haus. Er erledigt schnell seine Geschäfte und möchte dann möglichst zügig wieder in die zumindest halbwegs sicher erscheinenden vier Wände zurück. Sein Kot ist in dieser Zeit immer sehr weich, manchmal hat er auch Durchfall. Ein klares Anzeichen für Stress.

Seine Angst vor Böllern verschlimmert sich jedoch, als er in den Weihnachtsferien von seinem Frauchen Sabine für ein Fehlverhalten mit einer sogenannten Wurfkette korrigiert wird, wie es ihr von einer Bekannten geraten worden war. Bei einer Wurfkette handelt es sich um eine mehrgliedrige Eisenkette, die bei unerwünschtem Verhalten neben den Hund geworfen wird und dadurch Krach erzeugt. Durch den Schreck, den der Vierbeiner in diesem Moment erlebt, unterbricht er sein Verhalten und hat bei richtiger Konditionierung die Korrektur mit besagtem Verhalten verknüpft, sodass dieses in Zukunft gehemmter oder gar nicht mehr auftritt. Wer einen Hund auf diese Art und Weise korrigiert, braucht einige Erfahrung und gutes Timing, damit das erwünschte Ziel auch erreicht wird. Denn schnell passieren Fehlkonditionierungen auf andere Reize und man richtet letztendlich mehr Schaden an. Außerdem muss man abschätzen können, ob diese durchaus beeindruckende Korrektur für den jeweiligen Hund die richtige Strategie ist. Denn schnell können mit solchen Trainingsmitteln Hunde traumatisiert werden. Gerade sehr sensible Hunde reagieren nicht nur auf den Reiz der Wurfkette, sondern generell auf laute Geräusche mit einer Schreckreaktion, sie generalisieren den Reiz.

Nichts hilft mehr …

Sabine ist zu unbedarft mit der Wurfkette umgegangen, denn Monty war von der Korrektur stark beeindruckt. In den nächsten Tagen nach dem Vorfall verhält er sich sehr unauffällig und ist sich unsicher, was er machen darf und was nicht. Ausgerechnet in diesem Zustand hört er die ersten Silvesterraketen. Sein nervöses Umherlaufen in der Wohnung wird immer schlimmer. Auch unter dem Bett, unter dem er sich die Jahre zuvor verkrochen hat, scheint er keine Ruhe mehr zu finden. Da Sabine die Geräusche des Feuerwerks nicht abschalten kann, nimmt sie an Silvester ihren Hund und fährt mit ihm während des Jahreswechsels über einsame Landstraßen. Das monotone Geräusch des Motors und die beruhigende Musik, die Sabine etwas lauter aufdreht, übertönen alle Raketen. Nach und nach beruhigt sich Monty wieder.

Sabine kommt noch im Januar in die Hundeschule, um Hilfe zu suchen. Das ist sehr gut, denn so bleibt noch ein Jahr Zeit, bis das für Monty unerfreuliche Ereignis wieder auftritt. Genug Zeit, ein Training aufzubauen! Auch wenn die meisten

Kauen und Schlecken beruhigt viele Hunde. Ein mit gefrorenem Joghurt gefülltes Spielzeug kann daher in stressigen Situationen zur Entspannung des Hundes beitragen.

Anfragen für ein Training bzgl. der Angst vor Silvester in vielen Hundeschulen im November oder sogar erst im Dezember eingehen, muss man ganz klar sagen, dass man in einem solch kurzen Zeitraum höchstens ein paar Erste-Hilfe-Maßnahmen aufzeigen kann, wie z. B. mit dem Hund vor und nach dem Jahreswechsel eine längere Autofahrt zu unternehmen. Ein sinnvolles Training ist in der kurzen Zeit nicht mehr möglich.

Erste-Hilfe-Maßnahmen

Hat ein Hund Angst vor Feuerwerk und die Zeit reicht nicht mehr für ein gezieltes Training, kann es helfen, den Raum abzudunkeln, um die aufblitzenden Lichter von draußen abzuschirmen. Lautes Fernsehen oder Radio können außerdem zur Entspannung beitragen. Bei vielen Hunden hat sich ein sogenanntes Boxentraining bewährt, da viele Hunde sich in einer umschlossenen Höhle sicher fühlen (siehe S. 145). Ein mit gefrorenem Joghurt und Leberwurst gefüllter Kong® oder ein Schweineohr können den Hund dabei beruhigen, wenn er noch in der Lage ist zu fressen. Auf keinen Fall sollte man den Vierbeiner an Silvester allein zu Hause lassen, denn nur wenn man ihn beobachten kann, ist man in der Lage zu beurteilen, ob der Hund Angst hat oder nicht. Manchmal entwickeln Hunde erst in höherem Alter Angst vor Geräuschen wie Feuerwerk oder Gewitter. Man kann also nicht wie selbstverständlich davon ausgehen, dass ein Hund ohne solche Ängste diese auch nie bekommen wird.

Vertrauensaufbau

Eigentlich haben Sabine und Monty eine gute Beziehung zueinander. Monty orientiert sich an Sabine und er hat viel Spaß daran, mit ihr zusammen zu arbeiten. Schwierig ist das Verhältnis der beiden erst seit der Korrektur mit der Wurfkette. Daher muss Sabine dieses Vertrauen wiederherstellen. Sabine soll Korrekturen des Hundes zunächst einmal vermeiden. Sie soll das Training so aufbauen, dass Monty die Aufgabe immer erfüllen und damit von Sabine gelobt werden kann. Zudem muss Sabine aufpassen, den Rüden auch im Alltag nicht zu erschrecken. Wenn sie in der Küche hantiert, dürfen weder Schüssel noch Besteck hinunterfallen, wenn Monty in der Nähe ist.

Geräuschdesensibilisierung

Da Monty gern mit Sabine zusammenarbeitet und Beutespiele liebt, baut Sabine ein strukturiertes Apportiertraining mit dem Futterbeutel mit ihm auf.

Die Verwendung von Feuerwerk ist in aller Regel außer zum Jahreswechsel untersagt, sodass ein Training mit dem eigentlichen Angstauslöser schwierig ist. Man kann jedoch ähnliche Geräusche nutzen, muss dabei zudem aber auch alle anderen Faktoren bedenken, die mit Silvester verbunden sind. Sabine und Monty trainieren so z. B. mit dem Futterbeutel, während der Film eines Feuerwerks läuft – ganz ohne Ton. Die aufflackernden Lichter irritieren Monty anfangs zwar etwas, bald ist er aber nicht mehr gehemmt in seinem Verhalten und lässt sich voll und ganz auf Sabine ein. Ein andermal läuft nur ganz leise eine CD, auf der die Geräusche eines Feuerwerks zu hören sind. Nach und nach werden sie immer lauter abgespielt, bis auch das für Monty kein Problem mehr ist.

Parallel zu diesem Training soll sich Monty auch draußen an laute Geräusche gewöhnen. Denn wenn ein Knaller an den Tagen vor Silvester losgeht, während Sabine und Monty gerade auf dem Spaziergang sind, soll dieser nicht in Panik wegrennen.

Mithilfe einer Karnevalspistole testet Martin, aus welcher Entfernung Monty auf Knallgeräusche reagiert. Er kommt immer näher an Monty und Sabine heran.

Martin testet zudem zu Beginn des Trainings, ob Monty auch auf den Knall einer Plastiktüte reagiert. Da der Rüde hierbei erschrocken zur Seite springt, aber nicht wie bei Feuerwerk in Panik flüchtet, eignet sich das Training für die ersten Schritte der Geräuschdesensibilisierung. Anfangs steht Martin noch weit weg, während Sabine mit Monty apportiert. Schritt für Schritt arbeiten sich Sabine und Monty dann immer näher an Martin und die zerplatzenden Plastiktüten heran. Nachdem der Rüde kein Problem mehr hat, auch dann zu apportieren, wenn die Tüte direkt neben ihm zerplatzt, soll er nun noch lernen, solch laute Geräusche auch in Ruhe zu ertragen. Monty muss nun zunächst einmal grundsätzlich lernen, bei Reizen abzuschalten und zu entspannen. Sabine geht daher mit Monty in den Park und setzt sich nach einiger Zeit auf eine Bank. Monty legt sich auf die mitgebrachte Decke und schaut entspannt, was um ihn herum passiert. Nach einigen Trainingseinheiten legt er sogar den Kopf ab und entspannt vollkommen. Nun wird die Ablenkung durch Schüsse hinzugenommen. Dazu steht Martin anfangs noch weit weg. Schritt für Schritt nähert er sich mit der kleinen Spielzeugpistole, die mit Knallplättchen betrieben wird, an die beiden an. Monty gewöhnt sich immer mehr an den lauten Knall, bis er diesen komplett ignoriert.

Verbindung von Optik und Akustik

Schließlich kommt das Training an den Punkt, an dem die Optik und Akustik eines Feuerwerks miteinander verbunden werden kann. Der Film mit dem Feuerwerk wird nun mit Ton abgespielt. Zuerst wieder ganz leise, bis die Intensität immer mehr gesteigert werden kann und Monty trotzdem entspannt bleibt. Sobald diese Trainingseinheit tagsüber in einem abgedunkelten Raum gut funktioniert, trainieren Sabine und Monty auch am späten Abend bzw. in der Nacht. Denn schließlich findet die meiste Knallerei zu Silvester mitten in der Nacht statt. Monty reagiert bei jedem neuen Trainingsschritt immer auf ähnliche Weise. Zunächst ist er zögerlich und überlegt mit angelegten Ohren, ob er sich nun mit Sabine beschäftigen oder doch lieber in der Wohnung auf und ab laufen soll, wie er es früher immer getan hat. Da die Übungsschritte sehr klein gewählt werden, entscheidet sich Monty für die „Alternative Sabine" und macht damit die Erfahrung, dass ihm nichts Schlimmes passiert. Aus einem anfangs zögernden wird ein immer selbstsichererer Hund, der geradezu stolz zu sein scheint, sich von dem vermeintlichen Feuerwerk nicht oder nur wenig beeindrucken zu lassen.

Sommerfeste in Silvestertradition

Inzwischen ist es Sommer und Sabine hat viel Spaß beim Hundetraining. Da noch einige Monate bis zum nächsten Silvester bleiben, kann das Training weiter perfektioniert werden: Bei Sabine wird in der nächsten Zeit viel gefeiert – und jedes Mal werden Luftschlangen aufgehängt. Auch der Raclette-Grill wird ausgepackt, denn diese beiden Dinge gehören für Sabine und damit auch für Monty zum Jahreswechsel dazu. Die Sektkorken knallen und das Feuerwerk wird mithilfe des Films simuliert, um einen möglichst authentischen Silvesterabend nachzuahmen. Selbstverständlich alles in kleinen Trainingsschritten und mit steigender Intensität der Reize, die Monty Probleme bereiten.

Der Jahreswechsel naht

Da Sabines Freunde sich inzwischen sehr gut auskennen, was den Umgang mit Monty und ihr Verhalten ihm gegenüber betrifft, beschließen alle, Silvester gemeinsam zu verbringen. Das ist sicher auch ein Grund, warum Monty den Jahreswechsel relativ problemlos und angstfrei übersteht. Die Feiern sind inzwischen zu einem bekannten Ritual geworden, sodass es nicht allzu sehr stört, als draußen die Knallerei beginnt. Natürlich ist das reale Silvester etwas anderes als ein gespieltes. Und so bleibt es auch nicht aus, dass Monty etwas irritierter reagiert als während der vorausgegangenen Übungseinheiten. Er ist jedoch ansprechbar und lässt sich auf Sabine ein – für beide ein großer Gewinn.

Podenco-Hündin Sunny ist eigentlich sehr selbstbewusst und entspannt. Doch immer dann, wenn Ute den Staubsauger herausholt, flüchtet Sunny ängstlich ins Nebenzimmer.

Sunny und ihre Angst vor dem Staubsauger

Ganz gemütlich liegt Podenco-Hündin Sunny auf ihrer Decke und döst vor sich hin. Sie spitzt die Ohren, öffnet die Augen, und tatsächlich: Sie sieht ihr Frauchen Ute schnurstracks auf die Abstellkammer zulaufen. Das kann nur eines bedeuten, es wird wieder gesaugt. Also macht sich Sunny hechelnd aus dem Staub, geht ins Nebenzimmer und kauert in der Ecke. Beim genaueren Hinsehen kann man erkennen, dass sie zittert. Sobald das Geräusch des Staubsaugers ertönt, fängt sie stark an zu speicheln. Der ansonsten selbstbewusste Hund sitzt da wie ein Häufchen Elend. Das war nicht immer so. Früher machte ihr das Staubsaugen überhaupt nichts aus.

Der Tag, an dem es passierte

Seit der großen Umräumaktion vor zwei Wochen sieht das nun anders aus. Ute hatte die Abstellkammer entrümpelt und jede freie Ecke ausgesaugt. Wurde der Staubsauger gerade nicht benötigt, lag er auf einem Sessel vor der Abstellkammer. Als Sunny dort vorbeilief, blieb sie unglücklich im Staubsaugerkabel hängen, was zur Folge hatte, dass der Staubsauger auf Sunny hinabrutschte und sich dabei auch noch einschaltete. Sunny flüchtete mit lautem Gewinsel – nur gab es in der kleinen Wohnung nicht so viele Möglichkeiten, sich zu verstecken. Auch Ute hatte sich erschreckt und versuchte so zügig wie möglich den Staubsauger wieder zu bändigen und Ruhe einkehren zu lassen. Ute hatte Sunny in den sechs Jahren gemeinsamem Zusammenlebens noch nie so verängstigt erlebt.

Als sich die Situation wieder entspannt hatte und Ute mit ihrem Umräumen fortfahren wollte, wurde ihr schnell bewusst, dass sie es an diesem Tag besser sein lassen sollte. Denn Sunny traute sich kaum am Staubsauger vorbei, und als Ute ihn noch einmal einschaltete, licf ihre Hündin wieder hektisch durch die Wohnung. An den Tagen danach fiel Ute zudem auf, dass Sunny sich schon dann versteckte, sobald sie nur die Tür zur Abstellkammer öffnete. Und als sie vor drei Tagen nur schnell etwas wegsaugen wollte, fand sie ihren Hund im Schlafzimmer vor – fertig mit sich und der Welt. Mit weit aufgerissenen Augen, starrer Angstmimik, eingeklemmter Rute, Zittern und Hecheln stand Sunny mitten im Raum. Spätestens jetzt war für Ute klar, dass etwas passieren musste. Die Vorstellung, beim Putzen nun immer die panische Reaktion und die Angst in den Augen ihrer Hündin sehen zu müssen, konnte sie nicht akzeptieren.

Auslöser der Angst

Es ist schon ungewöhnlich, dass ein ansonsten gelassener Hund so stark auf ein einmaliges Schreckerlebnis reagiert. Hier gibt es aber einige Faktoren, die bei Sunny diese starke Angst ausgelöst hatten. Zum einen handelte es sich um eine insofern chaotische Situation, da der ansonsten so ordentliche Haushalt durch das Um- und Aufräumen der Abstellkammer ganz schön auf den Kopf gestellt wurde. Zum anderen spielt sicher auch die Kombination der Reize eine Rolle. So spürte Sunny nicht nur den Staubsauber, als er auf sie fiel, sondern hörte in diesem Moment auch noch sein Getöse, und zwar ganz nah. Da diese Situation überhaupt nicht vorhersehbar war und Sunny sie nicht so schnell einschätzen konnte, erzeugte sie bei ihr Angst. Hinzu kommt, dass der Staubsauger Sunny auch direkt getroffen hat, was vermutlich sehr schmerzhaft war.

Erfolgschancen durch schnelle Hilfe

Für den Therapieerfolg positiv ist, dass Ute bereits zwei Wochen nach dem Ereignis Hilfe aufsucht. Sunnys Furcht basiert somit nicht auf einer jahrelang anhaltenden Angst. Auch hat Ute innerhalb dieser zwei Wochen nur ein einziges Mal versucht, den Staubsauger anzustellen. Beim Anblick ihres Hundes hat sie dies aber sofort wieder unterlassen. Nun kann das Training in kleinen Schritten beginnen.

Nach dem unglücklichen Zwischenfall wird Sunny sofort unruhig, wenn Ute den Staubsauger holt.

Auch wenn Ute die Abstellkammer mit dem Staubsauger nur betritt, springt Sunny von ihrer Decke auf.

Angstauslöser meiden

Nicht nur das Geräusch des Staubsaugers, sondern auch der Anblick des ausgeschalteten Geräts sorgt bei Sunny für Meideverhalten. Deshalb soll Ute von nun an nur staubsaugen, wenn Sunny nicht anwesend ist. Sunny kommt in dieser Zeit entweder zu Freunden oder wartet solange im Auto. Wird nämlich ein aufgebautes Training immer wieder durch das Auftauchen des Angstauslösers unterbrochen, ist alle bisherige Mühe umsonst. Der Staubsauger darf für Sunny eine Zeitlang nicht mehr existieren. Zudem soll Ute so häufig wie möglich am Tag die Tür der Abstellkammer öffnen, ohne den Staubsauger herauszuholen. Das hat den Zweck, die Erwartungshaltung bei Sunny zu verändern. Sie soll lernen, dass das Öffnen der Tür nicht zwangsläufig mit dem Herausholen des Staubsaugers verbunden ist. Jedes Mal, wenn Ute sich der Tür nähert, hebt Sunny den Kopf und verlässt ihre Decke, um ins Nebenzimmer zu gehen. Mit der Zeit merkt sie jedoch, dass Ute den Staubsauger gar nicht herausholen möchte. Und auch das befürchtete Geräusch ertönt nie. So bleibt sie bald auf ihrer Decke liegen und sieht ihrer Halterin viel gelassener dabei zu, wie diese den Abstellraum betritt. Am Ende bleibt sie vollkommen entspannt auf der Decke liegen und hebt nicht einmal mehr den Kopf!

Gewöhnung an die Optik

Im nächsten Schritt wird die Optik des Staubsaugers desensibilisiert. Er taucht ab jetzt immer in Situationen auf, die mit dem Staubsaugen bzw. Putzen gar nichts zu tun haben. Fängt Ute also an zu kochen, nimmt sie den Staubsauger mit in die Küche und stellt ihn neben sich. Sitzt sie auf dem Sofa, ist der Staubsauger auch dort präsent. Selbstverständlich immer so gut fixiert, dass er auf keinen Fall noch einmal umkippen kann. Was Sunny zunächst mit großen Augen und verwundertem Gesichtsausdruck verfolgt, wird bald zur Gewohnheit. Sie holt sich ihre Streicheleinheiten selbst dann ab, wenn sie sich dafür dem Staubsauger nähern muss.

Geräuschgewöhnung

Nun muss Sunny noch an das Geräusch gewöhnt werden. Dafür wird ein kleiner Handstaubsauger angeschafft, der ziemlich leise ist. Bei einer Angsttherapie ist es wichtig, zuerst mit einem sehr schwa-

Anfangs liegt Sunny angespannt auf ihrer Decke, wenn Ute den Staubsauger mit auf das Sofa nimmt.

Sunny lässt sich auf ein wildes Spiel mit Ute ein, während eine Bekannte den Staubsauger bedient.

chen Ausprägungsgrad des Angstauslösers zu beginnen. Während Ute mit Sunny im nahe gelegenen Park mit dem Ball spielt oder andere Übungen wie den Rückruf mit ihr durchführt, lässt ihre in den Trainingsplan eingeweihte Freundin Jeanne den Staubsauger in einiger Entfernung ertönen. Sunny horcht zwar kurz auf, widmet sich nach dieser kurzen Orientierungsphase aber sofort wieder dem Ballspiel bzw. Ute. Schnell kann sich Jeanne mit dem Staubsauger an die zwei Trainierenden annähern, ohne dass Sunny davon gestresst ist. Dieser große Fortschritt liegt daran, dass Sunny außerhalb des Hauses das Staubsaugergeräusch hört, also in einer Situation, die für sie überhaupt nichts mit der Aufräumaktion vor einigen Wochen zu tun hat. Außerdem hat Sunny im Freien bessere Ausweichmöglichkeiten, falls ihr die Situation doch unangenehm werden sollte. Im Haus ist das Training für Sunny schwieriger, da dieses hier der angstauslösenden Situation sehr viel ähnlicher ist. Jeanne betätigt nun auch im Haus den Handstaubsauger, während Ute mit Sunny spielt. Sowohl im Park als auch zu Hause taucht das für Sunny unangenehme Geräusch also nur auf, wenn sie gerade mit etwas wirklich Schönem beschäftigt ist.

Schließlich wird der große Staubsauger in das Training mit einbezogen. Doch auch jetzt wird das Gerät erst vor dem Haus eingeschaltet, im nächsten Schritt im Nebenzimmer laufen gelassen und erst dann in dem Zimmer genutzt, in dem sich die Hündin aufhält und in dem es zu dem Vorfall mit dem Staubsauger kam.

Zusammenführen von Optik und Akustik

In einem letzten Trainingsschritt wird nun die Optik und Akustik des Geräts miteinander verbunden. Der Staubsauger liegt dazu eingeschaltet auf dem Boden, niemand hantiert jedoch mit ihm herum. Sunny erhält ihre Lieblingsspeise, Fleischwurst, und da sie keine Angst mehr hat, kann sie diese trotz laufendem Staubsauger fressen. Zu Beginn wirft Ute Fleischwurststücke, denen Sunny hinterherjagen darf, während der Staubsauger läuft. Später legt sie sogar Fleischwurststücke auf den laufenden Staubsauger, die Sunny anfangs noch vorsichtig und mit langem Hals, später ganz mutig und zügig herunterholt.

Möchte Ute in Zukunft saugen, lockt sie Sunny schon vor dem Herausholen des Staubsaugers in das Nebenzimmer, schließt die Tür und saugt die eine Hälfte der Wohnung. Danach wird gewechselt: Sunny kommt in die bereits geputzte Hälfte und und Ute saugt das andere Zimmer. Durch diese Trennung wird Sunny mehr Zeit gegeben, sich an den Anblick und an das Geräusch auch während der Handhabung des Staubsaugers zu gewöhnen. Zudem findet das Staubsaugen zu keiner festen Zeit statt, sondern immer wieder an unterschiedlichen Tagen zu verschiedenen Uhrzeiten. So wird verhindert, dass Sunny „die Gefahr" zu einer bestimmten Zeit erwartet. Durch das konsequente und schnell begonnene Training ist Sunny inzwischen wieder relativ gelassen, selbst wenn sie im gleichen Raum ist, während Ute saugt. Sie hat keine Angst mehr vor dem Staubsauger, behält ihn aber sicherheitshalber im Blick. Ein Zustand, mit dem sowohl Sunny als auch Ute prima leben können.

Nach einiger Zeit bleibt Sunny liegen, wenn Ute saugt. Sie behält den Staubsauger aber noch im Blick.

Bella und ihre Angst vorm Autofahren

Bei Futterjagdspielen rund um das Auto macht Bella begeistert mit. Sie zeigt dabei keine Angst.

„Bella, hopp!“ Aber anstatt ins Auto zu springen, schaut Bella nur mit großen Augen Andrea an und verharrt an Ort und Stelle. Das war nicht immer so. Noch vor wenigen Wochen konnte es Bella kaum erwarten, ins Auto zu springen. Seit sie jedoch von der Nachbarin etwas unsanft in den Kofferraum gehoben wurde, steht die Hündin dem Auto skeptisch gegenüber und möchte nicht mehr hineinspringen. Der Nachbarin war nicht bewusst, dass Bella freiwillig ins Auto springt, weshalb sie die Hündin ungeschickt hochhob und in den Kofferraum setzte. Seitdem weigert sich Bella, das Auto zu betreten. Ist sie erst einmal darin, verhält sie sich genauso wie früher: Quietschfidel sitzt sie da und wartet auf spannende Ausflüge. Andrea hatte zunächst mit viel Einfühlungsvermögen und guten Worten versucht, ihren Hund zum Einsteigen zu überreden. Bella verharrte aber an Ort und Stelle. Nicht einmal Frischfleisch, das Andrea ins Auto legte und für das Bella in der Regel alles tun würde, zeigte eine dauerhafte Wirkung.

Bestechung mit Leckerchen

Viele Menschen versuchen ihren Hund mit Nahrung zu einer bestimmten Handlung zu bewegen. Natürlich spricht nichts gegen die Belohnung eines vom Hund ausgeführten Signals mit Futter, auch dann nicht, wenn es sich bei der Belohnung um das leckerste Fleisch handelt. Allerdings sollte das Futter als Belohnung eingesetzt werden und nicht als Bestechung. Baut man ein neues Verhalten auf, kann man zwar Futter nutzen, um den Hund überhaupt erst einmal zur Ausführung der gewünschten Handlung zu bringen. Ein Hund, der lernen soll, sich auf ein Signal des Menschen hinzusetzen, lernt also erst einmal das Verhalten an sich, indem der Mensch ein in der Hand gehaltenes Futterstück langsam über den Kopf des Hundes nach hinten führt. Sobald der Hund sich nun hinsetzt, also mit den Hinterbeinen einknickt, wird er belohnt. Hat der Hund nun aber verstanden, welche Handlung von ihm erwartet wird, darf er das Leckerchen nicht mehr vor dem Ausführen des Signals bemerken. Der Mensch gibt dem Hund also das Signal und erst nach der gewünschten Ausführung wird der Hund mit einem Lobwort wie z. B. „Prima“ gelobt. Danach holt man ein Futterstück aus der Tasche und belohnt den Hund mit dem Futter. Bleibt das Futter jedoch auch weiterhin sichtbar, wird der Hund in Zukunft das Signal immer nur dann ausführen, wenn er sich davon überzeugt hat, dass ein Futterstück auf ihn wartet. Der Hund wird mit dem Futter sozusagen bestochen anstatt belohnt.

Entspannte Atmosphäre

Für das Training soll Andrea zunächst nur mit Bella am Auto vorbei und um dieses herumgehen, ohne auch nur den Ansatz eines Einstiegversuchs zu unternehmen. Damit sollen Bellas Bedenken in Luft aufgelöst werden. Sie erwartet zwar Überredungsversuche von Andrea, diese kommen aber nicht.

Anfangs noch vorsichtig und mit langem Hals, holt Bella den Futterbeutel aus dem Fußraum des Autos.

Um den Futterbeutel vom Rücksitz des Autos zu holen, muss Bella ganz in das Auto hineinspringen.

Also entspannt auch Bella, wenn es Richtung Auto geht, denn man läuft ja sowieso nur wieder daran vorbei. Da Bella sehr verfressen ist, werden für die Labrador Retriever-Hündin Leckerchen rund um das Auto verteilt. Mal darf sie die Futterstückchen suchen, mal kann sie einem hinterherlaufen. Wichtig ist, dass die Leckerchen erst vom Auto weggeworfen werden, sodass Andrea als Puffer zwischen Bella und dem Auto steht. Später können sie immer näher am Pkw liegen, bis Bella dann sogar ein Futterstück von der Stoßstange des Autos herunterholt! Bei allen Übungen macht Andrea keine Anstalten, Bella zu irgendetwas zu überreden. So wird die Atmosphäre immer entspannter und die Hündin lässt sich freudig auf das Training ein.

Apportiervergnügen rund ums Auto

Im nächsten Trainingsschritt soll Bella einen Futterbeutel apportieren; dies übt Andrea zuvor weit weg vom Auto. Sobald Bella den Futterbeutel ohne Probleme neben dem Auto apportiert, wird eine Autotür geöffnet. Dabei variiert Andrea die Übung, indem sie immer eine andere Tür offen stehen lässt. Im nächsten Schritt wird der Apportiergegenstand auf den Boden vor die geöffnete Autotür gelegt, danach wird er auf der Kante positioniert, sodass Bella ein wenig mit dem Auto in Berührung kommt. Im letzten Schritt liegt der Futterbeutel im Auto, erst im vorderen Fußraum und dann auf dem Rücksitz. Befindet sich der Futterbeutel im vorderen Fußraum, kommt Bella noch mit lang gestreckter Nase an den Gegenstand, ohne das Auto betreten zu müssen. Liegt der Futterbeutel auf dem Rücksitz, muss sie bereits in das Auto hineinspringen. Da beide Türen offen sind, kann sie das Auto jedoch sofort wieder durch die gegenüberliegende Tür verlassen. Durch diese spielerischen Übungen werden sowohl Mensch als auch Hund lockerer und unbedarfter, wenn es ums Thema Auto geht. Die Hündin fühlt sich von Andrea nicht unter Druck gesetzt, sondern nähert sich auf vergnügte Weise dem eigentlich geliebten Auto.

Mehr Raum für Bella

Während einer der nächsten Übungseinheiten wird die Rückbank umgeklappt, sodass ein großer Kofferraum entsteht. Nachdem Andrea mit Bella schon einige Apportierübungen gemacht hat, setzt sie sich nun ins Auto hinein und fordert die Labrador-Hündin auf, den draußen abgelegten Futterbeutel zu ihr zu bringen. Ohne groß zu überlegen, holt Bella den Gegenstand und springt damit ins Auto zu Frauchen. Was war passiert? Durch die umgeklappte Rückbank konnte Bella ohne Probleme und auch mit Anlauf ins Auto springen, ohne Gefahr zu laufen, gegen die „Einrichtung“ zu stoßen. Das machte das Hineinspringen deutlich angenehmer. Durch die vorherigen Trainingsschritte erwartete die Hündin nichts Schlimmes – im Gegenteil, sie freute sich auf die Beschäftigung mit ihrem Menschen. Und aus so einer Spiellaune heraus machen Hunde schon einmal Sachen, die sie sich sonst eigentlich nicht trauen. Erleichternd kam für Bella noch hinzu, dass eine Vertrauensperson im Auto saß und es für sie selbstverständlich war, ihre Beute zu dieser Person zu bringen. Die Kombination dieser Punkte führte dazu, dass die Retriever-Hündin ihre Angst vor dem Hineinspringen überwinden konnte.

Damit Bella ohne Angst die Box im Auto betreten kann, hat sie gelernt, über eine Rampe einzusteigen.

Wichtig ist, das Training an dieser Stelle nicht zu beenden. Nur weil Bella einmal ins Auto gesprungen ist, bedeutet das nicht, dass sie es von nun an immer wie selbstverständlich tun wird. So werden bei den nächsten Trainingseinheiten diejenigen Übungen bevorzugt, bei denen Bella in den Kofferraum springen muss – entweder, um den Futterbeutel dort herauszuholen, oder um mit ihm ins Auto hineinzuspringen.

Einstiegshilfen

Nicht alle Hunde, die Probleme mit dem Einsteigen haben, lassen sich über den hier beschriebenen Trainingsweg dazu bringen. Manchmal müssen mehrere Zwischenschritte eingelegt oder ganz andere Alternativen geschaffen werden. Generell haben Hunde Probleme, über eine hohe Kante in den Kofferraum zu springen, vor allem dann, wenn der Boden viel tiefer liegt, sodass der Einstieg schon fast mit einem Sprung ins Leere verglichen werden kann, da die Vierbeiner nicht sehen, wo sie landen.

Die Rampe

Eine alternative Möglichkeit des Trainings besteht darin, eine Rampe an das Auto zu legen, auf der der Hund die Höhe bis zur Kofferraumkante erklimmen kann. Steht er dann oben, kann er sehen, wie tief der Abstieg ist, und ist nicht gezwungen, ins Ungewisse zu springen. Diese Rampe sollte allerdings einigen Sicherheitskontrollen unterzogen werden und der Hund sollte sie bereits außerhalb der Autosituation kennengelernt haben. Zum einen sollte die Rampe an die Größe des Hundes angepasst sein. Außerdem sollte die Rampe einen rutschfesten Belag haben, um dem Hund so viel Trittsicherheit wie möglich zu geben. Und natürlich muss man dafür sorgen, dass sich die Rampe nicht verschiebt oder sie gar von der Kofferraumkante abrutschen kann. Zum anderen sollte der Hund an diese Rampe bzw. an das Laufen auf ihr gewöhnt werden. Im ersten Schritt reicht es dabei vollkommen aus, die Rampe nur ganz flach auf den Boden zu legen und den Hund darüberzuführen. Nach und

Nach kurzer Zeit springt Bella wieder problemlos ins Auto und liegt vollkommen entspannt in ihrer Box. Der Schreck durch das ungeschickte Hineinheben ist überwunden.

nach kann man dann das eine Ende der Rampe immer höher legen, bis die Höhe des Kofferraums erreicht ist. Die Rampe muss dabei natürlich immer gut und sicher befestigt sein.

Die Tisch-Brücken

Eine weitere Möglichkeit besteht darin, Podeste in verschiedenen Höhen zu nutzen. Für dieses Training eignen sich Tische, wie sie z. B. früher beim Agility verwendet wurden. Diese sind sehr stabil und mit einem Belag beschichtet, der ein Ausrutschen verhindert. Werden andere Podeste genutzt, sollte auch hier wieder auf Sicherheitskriterien wie Standfestigkeit und rutschfester Belag geachtet werden.

Der Hund lernt nun zunächst auf ein Signal, wie z. B. „Hopp“ oder „Tisch“, auf einen ganz niedrigen Tisch hinauf- und wieder hinunterzuspringen. Mit steigendem Erfolg wird der Tisch immer höher. Funktioniert dies, kommt das Auto mit ins Spiel. Dazu stellt man den Tisch genau vor den geöffneten Kofferraum. Der Hund soll auf den Tisch und von dort aus ins Auto springen. Genau wie bei der Rampe kann der Hund sehen, wohin er springt. Auch beim Aussteigen wird wieder der Umweg über den Tisch gewählt. Während bei der Übung zum Einsteigen die Tischhöhe immer größer wird, verringert man sie beim Aussteigen immer mehr. Man beginnt das Training mit dem hohen Tisch, nutzt dann einen niedrigen, bis der Hund schließlich ohne Hilfe hinausspringen muss.

Die Transportbox

Kennt ein Hund eine Transportbox und zieht sich gern in diese zurück, könnte das ebenfalls die Lösung sein. Dazu stellt man die Box in den Kofferraum des Autos und fordert den Hund erneut auf, ins Auto zu springen. Einigen Hunden fällt dies viel leichter, da sie dort etwas Vertrautes vorfinden.

Myszka und ihre Panik in fahrenden Autos

Was aber, wenn ein Hund zwar ins Auto einsteigt, dann aber Angst bekommt, sobald sich das Ding in Bewegung setzt? So erging es der acht Jahre alten Mischlingshündin Myszka.

Fordert Ewa ihre Hündin Myszka auf, in den Kofferraum des Autos zu springen, befolgt Myszka diese Anweisung zwar, aber an ihrer ganzen Körpersprache ist abzulesen, dass sie sich unwohl fühlt. Myszka würde allerdings nie auf die Idee kommen, sich zu widersetzen. Nicht weil sie etwa Schlimmes zu erwarten hätte. Nein, es ist einfach nicht ihre Art. Also macht sie brav, was Ewa ihr sagt. Sobald sie sich im Auto befindet, zeichnet sich ein deutlicher Rundrücken ab. Setzt sich das Gefährt in Bewegung, fängt Myszka an zu hecheln und lehnt sich mit überstrecktem Kopf an die Seitenwand des Autos. Es dauert nicht lange, bis lange Speichelfäden ihr Gesicht zieren, hin und wieder zittert sie auch. An diesem Bild ändert sich nichts, egal ob die Autofahrt zehn Minuten oder drei Stunden dauert. Sie würde nie auf die Idee kommen, sich der Bequemlichkeit halber hinzusetzen. Sehr menschlich interpretiert wird Myszka wohl denken: Bloß nicht bewegen oder sonst irgendwie auffallen, besser warten und verharren – es wird schon bald vorbeigehen.

Zum Glück ist Myszka nach dem Verlassen des Autos schnell wieder entspannt. Sie schüttelt sich kurz und stellt bereits nach wenigen Schritten das Hecheln ein. Kurz danach geht ihre Rute nach oben und sie macht den Eindruck, als ob nichts geschehen wäre.

Ein Leben mit großen Einschränkungen

Myszkas Freude am Autofahren war schon immer getrübt. Bereits bei der ersten Fahrt als Welpe ins neue Zuhause übergab sie sich und war froh, als sie wieder festen Boden unter den Pfoten hatte. Daran, wie sie die nächsten Autofahrten überstand, kann sich keiner mehr so recht erinnern, schließlich ist das auch schon einige Jahre her. Von Anfang an verzichtete die Familie darauf, die Hündin häufig mit dem Auto mitzunehmen. Ewa kann von ihrer Wohnung aus zu Fuß zur Arbeit gehen und wird täglich von Myszka begleitet. Termine finden, wenn möglich, in den eigenen vier Wänden statt. Was ein großes Glück für Myszka ist, bedeutet für Ewa eine enorme Einschränkung. Jeder Ausflug, jeder Besuch bei Freunden muss so organisiert werden, dass Myszka nicht zu lange allein zu Hause bleibt. Sobald Ewa bei Freunden übernachtet, wird es richtig schwierig. Denn sie kann Myszka weder mitnehmen noch zu Hundesittern bringen – alles ist mit Autofahren oder anderen öffentlichen Verkehrsmitteln verknüpft, die Myszka genauso wenig leiden mag.

Ursachenforschung

Als es für Ewa immer unbequemer wird, wendet sie sich an eine Hundeschule. Prinzipiell kann natürlich auch ein älterer Hund etwas lernen, wenn auch nicht mehr ganz so schnell wie ein junger. Myszka ist jedoch nicht nur ein älterer Hund, sie trägt die Angst auch schon ihr ganzes Leben mit sich herum, was das Lernen stark beeinflusst.

Zu Beginn des Trainings müssen einige Fragen geklärt werden. Dazu soll Ewa zunächst ausprobieren, ob Myszka z. B. auf dem Beifahrersitz oder auf dem Rücksitz entspannter reagiert als im Kofferraum des Kombis, hier muss sie aber mithilfe eines speziellen Geschirrs und eines Adapters angeschnallt werden. Manche Hunde fühlen sich nämlich wohler, wenn sie näher bei ihrem Menschen sind. Zudem ruckelt es vorn meist auch weniger. Oder macht es einen Unterschied, wenn das Radio und die Lüftung ein- oder ausgeschaltet sind? Vielleicht tut Myszka ein Luftzug gut oder das Radio wirkt entspannend auf sie, da es zu den alltäglichen Geräuschen gehört. Auch die Gewöhnung an eine Transportbox kann hilfreich sein. Oft sind es nämlich die optischen Reize, die beim Hund Stress auslösen. Das schnelle Vorbeifliegen der Landschaft kann für Hunde ein zu starker Reiz sein. Nimmt der Hund in der Box nur eingeschränkt die Außenwelt wahr, kann ihm das mehr Sicherheit geben. Eine weitere Frage ist, ob Myszkas Angst mit dem Automodell in Zusammenhang steht. Manchmal sind Ängste mit bestimmten Motorengeräuschen verknüpft. Oder Autofahren fällt einem Hund in einem Kombi leichter, da er sich durch den größeren Raum nicht so eingeschränkt fühlt. Was, wenn eine andere Person als Ewa das Auto fährt? Oder ist ein weiterer mitfahrender Hund hilfreich? Durch Beobachtungslernen bzw. durch das Vertrauen, das dem Artgenossen entgegengebracht wird, kann die Scheu oder Angst häufig besser überwunden werden.

Abschalttraining

Bei Myszka war es so, dass sie bei Fahrten auf dem Rücksitz entspannter reagierte. Die Hündin soll sich daher nun an diesen Platz in einer relativ entspannten Situation gewöhnen. Für Entspannung wird dadurch gesorgt, dass sich das Auto überhaupt nicht in Bewegung setzt: Abschalttraining im Auto – für Myszka und Ewa. Beide sitzen also im Auto, Ewa setzt sich neben Myszka auf den Rücksitz. Na ja, fast: Ewa sitzt, Myszka allerdings nicht. Genau das ist aber das Ziel. Deshalb muss Ewa einfach so lange dort sitzen bleiben, bis auch Myszka endlich sitzt und sich irgendwann sogar hinlegt. Anfangs hechelt sie noch, später liegt sie tatsächlich vollkommen entspannt neben Ewa. Für diese Übung wählt Ewa den Parkplatz, den Myszka schon kennt und auf dem kaum etwas los ist. Denn Myszka lässt sich schnell von Außenreizen ablenken. Bei anderen Hunden kann es dagegen wichtig sein, ein spannendes Umfeld zu bieten. Durch das Beobachten und Verfolgen der Außenreize konzentrieren sich die Hunde auf etwas anderes als auf das

Myszka und Ewa verbringen viel gemeinsame Zeit im Auto. Es dauert lange, bis sich Myszka hinlegt.

Nun bleibt Myszka allein auf dem Rücksitz. Sie muss sich daran gewöhnen, dass Ewa vorn sitzt.

angstauslösende Auto. Im Idealfall sollte ein Abschalttraining so lange stattfinden, bis der Hund vollkommen entspannt ist. Da dies bei Myszka zu Beginn des Trainings aber sehr unwahrscheinlich ist, soll sie sich zunächst einmal nur hinsetzen – quasi als erster Schritt auf dem Weg zur Entspannung. Sitzt Myszka, soll Ewa das Auto wieder verlassen und die Übung so oft wiederholen, bis Myszka sich schon nach kurzer Zeit hinsetzt.

Damit Myszka sich im Auto relativ schnell entspannt, hat Ewa mit ihr zuvor im Park Entspannungsübungen durchgeführt. Die beiden haben sich dort auf eine Bank gesetzt und einfach einmal nichts getan. Ewa hat während des gesamten Trainings einige gute Bücher gelesen, während Myszka sich immer schneller hingelegt und entspannt hat. Als das Abschalttraining nun auf das Auto übertragen wird, dauert es zwar zu Beginn durchaus auch einmal eine halbe Stunde, bis Myszka sich hinsetzt, sehr lange muss Ewa aber nie warten.

In dem Augenblick, in dem Myszka sich das erste Mal hingesetzt hat, wäre Ewa ihrer Hündin am liebsten vor Freude um den Hals gefallen. Dies sollte man bei einem solchen Training jedoch auf jeden Fall vermeiden. Jegliche Aufgeregtheit oder starke Euphorie des Menschen kann dazu führen, dass der Hund vor lauter Hektik sofort wieder aufsteht und in Stress verfällt. Ziel ist aber ja, den Hund in einen entspannten Zustand zu bekommen. Bei einigen Hunden kann man über ein ruhiges, verbales Lob vermitteln, dass dieses Verhalten gewünscht war. Bei den meisten Hunden macht es jedoch mehr Sinn, einfach ruhig zu bleiben und z. B. weiter im Buch zu lesen. Anfangs wartet man nun eine kurze Zeit von etwa drei bis vier Minuten. Dann wird der Hund gelobt und das Auto verlassen. Die Zeit, die der Hund entspannt im Auto liegen soll, wird dann immer weiter verlängert, bis der Hund auch für ein bis zwei Stunden entspannt im Auto liegt. Wie groß die Schritte dabei sein dürfen, muss immer individuell je nach Hund entschieden werden, häufig kann man die Schritte jedoch nach den ersten Erfolgen schneller steigern.

Futtertraining

Ein weiterer Schritt im Training kann die Fütterung im Auto sein. Das Auto bleibt damit nicht der „Feind“, sondern wird zum Auslöser für Wohlbefinden. Die Fütterung findet dabei aber unabhängig vom Abschalttraining statt. Würde der Hund immer zum Ende des Abschalttrainings eine große Portion Futter erhalten, würde er dies mit dem Abschalttraining verbinden und damit immer weniger entspannt liegen, da er ja in Erwartung der Nahrung ist. Der Hund kann dabei entweder aus dem Napf gefüttert werden oder das Futter aus der Hand erhalten. Kaum ist die Schüssel leer, darf der Hund auch schon wieder aus dem Auto heraus. Er soll sich nicht länger darin aufhalten, um aufkommende Ängste zu vermeiden. Außerdem soll er es fast schon schade finden, wieder aus dem Auto aussteigen zu müssen, wo es dort doch so leckere Dinge gibt. Bei Hunden, die sich durch Futter motivieren lassen, kann diese Methode parallel zu einem Abschalttraining zum Erfolg führen.

Langsam auf Fahrt

Als Myszka nach einiger Zeit auch Futter im Auto frisst und dabei einigermaßen entspannt wirkt, wird das Training bei laufendem Motor wiederholt. Nun benötigt Ewa einen Helfer, der das Auto im Zeitlupentempo die Ausfahrt auf und ab fährt, während sie selbst mit der Hündin zusammen im Auto sitzt. Mit der Zeit kann die Fahrtgeschwindigkeit erhöht und die Strecke ausgedehnt werden. Im letzten Schritt wechselt Ewa nun noch den Sitzplatz. Myszka bleibt nun also allein auf dem Rücksitz, während Ewa sich auf den Fahrersitz setzt. Dabei beginnt sie das Training erst einmal wieder mit unbewegtem Auto, bevor der Motor angeht und letztendlich die ersten ganz kurzen Strecken gefahren werden. Schon bald ist Ewa soweit, dass sie mit Myszka kleine Ausflüge unternehmen kann. Enden diese dann auch noch mit einem Spaziergang in spannender Umgebung, wird die Hündin bald gern ins Auto steigen und die Menschen auf ihren Touren begleiten.

Reina und ihre Angst vor dem Alleinsein

Die Mischlingshündin Reina und ihre Halterin Marion sind unzertrennlich. Nachdem die Kinder etwas größer waren, erfüllte sich Marion den Traum vom eigenen Hund. Da es ihr erlaubt war, Reina mit auf die Arbeit zu nehmen, schien der Zeitpunkt endlich gekommen zu sein: Der kleine Vierbeiner kam ins Haus. Bereits mit ihren neun Wochen eroberte Reina damals alle Herzen im Sturm. Und da gab es einige Herzen zu erobern, denn Marion wohnte zusammen mit ihrem Mann und ihren zwei 15 und 17 Jahre alten Kindern.

Konnte Reina nicht mit zur Arbeit oder Marion aus einem anderen Grund nicht begleiten, waren entweder ihr Mann oder eines der Kinder immer glücklich darüber, sich um den jungen Hund zu kümmern. So musste Marion kein schlechtes Gewissen haben, wenn sie einmal etwas länger unterwegs war, denn Reina war ja nicht allein und hatte immer Unterhaltung. Genau dieser Vorteil sollte sich aber drei Jahre später zu einem großen Problem entwickeln. Nämlich dann, als Marions Kinder auszogen und Marions Mann sich beruflich veränderte, sodass er die Woche über nicht zu Hause war. Nun musste Reina notgedrungen auch ab und an einmal allein sein. Reina äußerte ihren Unmut, indem sie Sachen zerstörte, an der Tür kratzte, heulte und bellte.

Reina ist am liebsten immer ganz nah bei Marion.

Alleinbleiben muss gelernt werden

Vielen Hunden bereitet das Alleinbleiben Probleme. Für das Rudeltier Hund ist das Zurückbleiben in der Tat etwas Widernatürliches, das Angst erzeugen kann. Diese Angst ist es aber auch, die die Bindung zu den anderen Rudelmitgliedern fördert, denn allein fühlt man sich unsicherer als in der Gruppe. Das lässt sich gut bei jungen Hunden beobachten, die beginnen, ihre Umgebung zu erkunden. In der Regel erfolgt dies gemeinsam bzw. in der Nähe eines Sozialpartners. Dennoch müssen Hunde in unserer Gesellschaft lernen, allein zu bleiben. Wer dies jedoch nie gelernt hat, wird damit im späteren Leben nicht umgehen können, sondern Angst entwickeln und unter diesem Zustand leiden.

Das kann sich auf extrovertierte Art äußern, indem der Hund laut jault und heult oder die Wohnungseinrichtung zerstört. Nicht selten werden durch den Versuch, sich durchzubuddeln, Türen zerkratzt. Hunde, die auf eine eher introvertierte Art reagieren, verharren häufig in einer Position, starren mit deutlicher Angstmimik Richtung Tür und hecheln stark. Andere lenken die Angst durch selbstverletzendes Verhalten um, beknabbern Körperstellen oder lecken sich die Pfoten wund.

Trennungsangst, Kontrollverlust und Unterforderung

Häufig wird pauschal von Trennungsangst gesprochen, auch wenn der Hund unter einem starken Kontrollverlust leidet oder komplett unterfordert ist und aus Langeweile die Wohnung nach seinen Wünschen umdekoriert. Die Unterscheidung zwischen Trennungsangst, Kontrollverlust und Unterforderung ist wichtig, da unterschiedliche Trainingsansätze mit verschiedenen Erfolgsaussichten auf ihr beruhen. Eine wirkliche Trennungsangst ist viel schwieriger zu therapieren, weil es sich um eine existenzielle Angst handelt. Leidet ein Hund „nur" unter Kontrollverlust, weil er nicht sehen und damit nicht „kontrollieren" kann, was seine Menschen machen, bestehen durch Verhaltensänderungen des Menschen gute Chancen auf eine Lösung des Problems. Da Kontrollverlust und Unterforderung nicht aus Angst gezeigt werden, soll sich ein möglicher Trainingsweg in diesem Buch nur auf die Problematik der Trennungsangst beziehen. Dennoch ist es wichtig, die Unterschiede in den Verhaltensweisen zu kennen, um das Problem einschätzen zu können.

Ursachen für Trennungsangst

Trennungsangst kann nicht nur durch mangelnde Früherfahrung entstehen, also wenn der Hund einfach nicht gelernt hat, auch einmal allein zu sein. Auch plötzliche Veränderungen wie ungewohntes Alleinbleiben in einer neuen Wohnung oder andere traumatische Erfahrungen, wie z. B. ein lautes Gewitter, während der Hund allein ist, können ursächlich für Trennungsangst sein.

Abgrenzung zum Kontrollverlust

Der Schlüssel liegt in der genauen Beobachtung des Verhaltens außerhalb der angstauslösenden Situation. So wird ein Hund mit Kontrollverlust auch im täglichen Zusammenleben eher kontrollierendes Verhalten zeigen. Wirst du von deinem Hund häufig umkreist? Stellt er sich in einer sogenannten T-Stellung quer vor dich und schneidet dir damit den Weg ab? Bleibt er im Auto interessanterweise prima einige Zeit allein? Dies alles sind hündische Möglichkeiten, die Bewegungsfreiheit des Menschen einzuschränken und dadurch Kontrolle auszuüben. Natürlich wird auch ein unter Trennungsangst leidender Hund seinem Menschen einmal den Weg

Muss Reina allein zu Hause bleiben, liegt sie bis zu Marions Rückkehr hinter der Haustür und wartet. Allein gelassen kann sie nicht entspannen.

abschneiden, hier geht es aber viel eher um eine grundsätzliche Verhaltensrichtung. Ein deutliches Zeichen zur Unterscheidung ist die Tatsache, dass kontrollierende Hunde eher eine Disposition zu territorialer Aggression haben. Hunde, die unter Trennungsängsten leiden, zeigen in aller Regel wenig Tendenzen zur Revierverteidigung. Sie sind mehr damit beschäftigt, an „Mamas Rockzipfel zu kleben". Bei Spaziergängen sind diese Hunde oft „anhänglicher", was bedeutet, dass sie ihren Menschen nicht so gern aus den Augen verlieren, und wenn, dann höchstens nur kurz, aus Angst, man könnte sich verlieren. Stark jagdpassionierte Hunde können schon mal über ihren „Angstschatten" springen und trotz Trennungsangst einem Hasen hinterherlaufen. Es handelt sich also nicht um klare Unterscheidungsrichtlinien, sondern eher um Tendenzen des Verhaltens im Alltag. Ist der Hund eher ständig in der Nähe oder ist er nur mit externen Dingen beschäftigt?

Zur Unterscheidung kann auch die Tatsache beitragen, dass unter Trennungsangst leidende Hunde beim Alleinsein eher Jaul- und Heullaute von sich geben. Durch Heulen nehmen Wölfe und auch Hunde untereinander Kontakt auf, das Rudel wird dadurch zusammengehalten. Oft werden dafür erhöhte Positionen wie Couch oder Tisch aufgesucht. Hunde mit Kontrollverlust sind auch aufgebracht, „schimpfen" allerdings eher und äußern ihren Unmut durch Bellen.

Art der Begrüßung

Auch die Art und Weise, wie ein allein gelassener Hund seinen Menschen anspringt, wenn dieser nach Hause kommt, kann aufschlussreich sein. Kommt der Hund mit durchgedrückten Vorderläufen, erhobener Rute und federnden Bewegungen zu dir und springt dich, egal ob frontal, seitlich oder von hinten, so an, dass du beide Vorderpfoten zugleich und kräftig spürst, war es ein maßregelndes bzw. respektloses Verhalten des Hundes dir gegenüber. Dies tun eher Hunde, die kontrollierend sind. Kommt dein Hund jedoch mit leicht rundem Rücken, mit gesenktem und seitlich gedrehtem Kopf sowie mit nach hinten gelegten Ohren und mit dem ganzen Hinterkörper wackelnd, versucht dabei abwechselnd Pfote für Pfote an dir hochzuklettern, ist das ein freundlich beschwichtigendes Verhalten, das eher den Hunden zuzuschreiben ist, die unter Trennungsangst leiden. Damit wir uns nicht falsch verstehen: Beide beschriebenen Verhaltensweisen zeigen nicht automatisch an, dass Hunde ungern allein bleiben.

Reina begrüßt Marion beschwichtigend mit angelegten Ohren; dies spricht eher für Trennungsangst.

Für Hunde, die nie gelernt haben, allein zu bleiben, ist es zunächst eine Erste-Hilfe-Maßnahme, wenn eine beliebige Person zu Hause bleibt, während ihre Sozialpartner das Haus verlassen. Hunden mit Kontrollverlust hilft eine beliebige Person häufig nicht, denn es fehlt ja die Kontrolle über die Sozialpartner.

Reina folgt Marion bisher auf Schritt und Tritt.

Nie allein und ständig was los

Bei Reina ist es so, dass sie durch das Leben in der Familie nie gelernt hat, auch einmal ganz allein zu bleiben. War eines der Familienmitglieder anwesend, war Reina völlig stressfrei. Ein anderer Faktor, der bei Reina eine Rolle spielt, ist der starke Frust, unter dem sie leidet. Denn als die Kinder der Familie noch zu Hause lebten, beschäftigte sich immer irgendjemand mit ihr, spielte oder schmuste mit ihr. Diese starke Reduktion an „Bespaßung" ist für die Hündin eine große Veränderung, die zu der Problematik bzgl. des Alleinbleibens noch hinzukommt.

Kopfarbeit macht hundemüde

Reina wird ab sofort geistig stark gefordert. Auslauf, sprich Bewegung, hat sie genug. Es geht dabei vielmehr um Kopfarbeit. Die wenigen Grundsignale, die Reina kennt, lasten sie überhaupt nicht aus. Also beginnt Marion mit einem Apportiertraining. Reina muss sich nun auf das Training konzentrieren. Das ist anstrengend und macht müde. Nach den Trainingseinheiten ist Reina demnach ganz froh, einmal in Ruhe gelassen zu werden. Nun darf Marion jedoch nicht den Fehler machen und sich aus dem Haus schleichen, während Reina gerade schläft. Zwar bekommt sie dann nicht mit, dass Marion geht, und kann sich deswegen auch nicht darüber aufregen. Wacht sie allerdings während Marions Abwesenheit auf, kann die Panik umso größer sein, da sie Marion nirgends finden kann.

Reina hat nun nicht mehr das Bedürfnis, ständig im Mittelpunkt zu stehen und Marion auf Schritt und Tritt zu verfolgen. Stattdessen zieht sie sich auf ihren Liegeplatz zurück und genießt ihre Ruhe. Das ist zu einem späteren Zeitpunkt des Trainings genau der Punkt, an dem Marion versuchen kann, die Wohnung zu verlassen. Jedoch soll hier kein abrupter Wechsel stattfinden – trainieren, spielen, toben – Wohnung verlassen. Der Hund, noch völlig aufgekratzt durch das Sozialspiel mit seinem Menschen, würde nicht verstehen, dass er so plötzlich allein zurückbleibt.

Fort und schon wieder da

Bevor Marion die Wohnung aber wirklich verlassen kann, sind noch viele Trainingsschritte notwendig. Zuerst schließt Marion jedes Mal die Zimmertür hinter sich, wenn sie einen Raum verlässt. Allerdings nur ganz kurz, um die Tür gleich danach wieder zu öffnen. Dabei wird Reina von Marion ignoriert. Die Hündin macht die Erfahrung, dass ihr Mensch sofort wieder auftaucht, auch wenn sie ihn kurz nicht sehen kann. Das ist der erste kleine Schritt zum Alleinbleiben, denn aus Sekunden können mit der Zeit Minuten werden.

Während sich Marion also räumlich immer wieder von Reina abgrenzt, obwohl sie gemeinsam zu Hause sind, wird gleichzeitig eine Liegestelle positiv belegt. Bisher hat Reina immer da gelegen, wo sie wollte, und das war meistens direkt neben Marion. Das Körbchen wird nicht in einem anderen Raum aufgestellt, denn Reina soll sich nicht aus dem Familienverbund ausgeschlossen fühlen. Dennoch soll sich das Körbchen nicht direkt neben Marions Sitzplatz befinden, sondern eher in einer ruhigen Ecke, in der Reina sich besonders wohl und sicher fühlt und lernt, dass es nur Vorteile hat, wenn man sich hier allein und entspannt aufhält. Bekommt

Reina nun etwas zu knabbern, wird es ihr nur noch in ihrem Korb angeboten. Frisst sie es dort, ist alles prima. Möchte sie den Kauknochen allerdings an einen anderen Ort tragen, wird ihr die Beute wieder abgenommen und erneut im Korb angeboten. So lernt Reina schnell, dass es besser ist, in ihrem Körbchen zu bleiben.

Kein Trubel durch Besucher

Kommen viele Freunde zu Besuch und wird Reina der Trubel zu viel, sucht sie bald freiwillig ihr Körbchen auf. Spannendes hat Reina bei den Besuchern sowieso nicht zu erwarten, denn sie wurden von Marion angeleitet, die Hündin wenig zu beachten. In ihrem Korb findet Reina auch bei Trubel Ruhe und kann dort entspannen.

Bald kann Marion auf dem Sofa im Nebenzimmer sitzen und ein Buch lesen, also auch einer sehr ruhigen Beschäftigung nachgehen, ohne dass Reina in Panik gerät. Sie bleibt einfach in ihrem Körbchen im Esszimmer liegen. Nun ist der Zeitpunkt gekommen, an dem Marion die Wohnung verlassen kann. Zunächst in genauso kurzen Zeiteinheiten wie anfangs bei den Zimmertüren.

Begrüßungszeremonien vermeiden

Beim Zurückkommen soll Marion Reina erst einmal ignorieren. Ein überschwängliches Lob für das Alleinbleiben würde Reina nicht verstehen, denn sie würde diese Aufregung nur mit der Rückkehr ihres Menschen verbinden, nicht aber

Auf ihrem neuen Liegeplatz in einer Ecke im Esszimmer kann Reina entspannen. Sie liegt zwar nicht mehr direkt neben Marion, wird aber dennoch nicht von der Familie ausgeschlossen.

mit dem Alleinbleiben. Eine sofortige Begrüßung kann also dazu führen, dass der Hund nur noch sehnlicher auf das Zurückkommen wartet, weil dann wieder etwas los ist. Ist der Mensch dagegen erst einmal mit anderen Dingen beschäftigt, wie z. B. die Einkäufe zu verstauen, erwartet auch der Hund nichts Spannendes bei der Rückkehr.

Schlüsselreize

Dies ist aber noch lange nicht alles, was Marion mit und für Reina trainieren muss. Eine regelrechte „Fleißkärtchenarbeit" ist es, bestimmte Auslöser umzukonditionieren. Da für Reina schon das Anziehen der Jacke und das Aufnehmen der Schlüssel mit der Vorahnung verbunden sind, nicht mitgenommen zu werden, soll Marion nun öfter am Tag die Jacke anziehen oder die Schlüssel in die Hand nehmen, ohne zu gehen. Bevor Marion ins Badezimmer geht, greift sie zum Schlüssel. Sie zieht ihre Jacke an und setzt sich dann zum Frühstücken an den Tisch. Reina gerät jedes Mal in eine Erwartungshaltung, die aber nicht bestätigt wird. Mit der Zeit verbindet die Hündin die Reize nicht mehr mit dem Alleinsein und gerät auch nicht mehr in Panik. Natürlich sollte das Auslösen der – im wahrsten Sinne des Wortes – Schlüsselreize nicht abrupt wieder aufhören. Ansonsten kann die Erwartungshaltung erneut mit dem Reiz verbunden werden. Außerdem sollte gewährleistet werden, dass der Hund in der Trainingsphase auch auf keinen Fall allein ist, da dies sonst wieder zu Rückfällen führen kann.

Abstand in kleinen Schritten

Glücklicherweise hat die Mischlingshündin keine Probleme damit, allein im Auto zu bleiben. Auch kann man sie ohne Probleme zu Trainingszwecken an einen Baum oder Ähnliches anbinden und sich einige Schritte von ihr entfernen. Es gibt jedoch Hunde, die mit dieser Situation überfordert sind. Hier ist ein Training in kleinen Schritten angesagt.

Als erste Maßnahme kann man den Hund zwar draußen anbinden, muss sich aber genau neben ihn setzen, bis er sich entspannt. In den nächsten Schritten wird die Distanz zwischen Hund und Halter immer weiter ausgedehnt. Bis der Mensch jedoch außer Sicht des Hundes gehen kann, dauert es eine ganze Weile und erfordert Disziplin, Konsequenz und Zeit. Dem Hund wird damit jedoch ermöglicht, den Abstand zu seinem Menschen zu akzeptieren und zu ertragen. Sinkt der Stresspegel des Hundes, kann er begreifen, dass er auch ohne unmittelbare Nähe zu seinem Menschen klarkommt. Bevor man aus der Sichtweite seines Hundes verschwindet, kann es nützlich sein, erst einmal schrittweise den Abstand zu ihm zu vergrößern.

Auch das Signal „Bleib" kann bei manchen Hunden sehr hilfreich sein. Hier hat man die Möglichkeit, sich über ein Signal von seinem Hund schrittweise zu entfernen. Das Signal sollte jedoch nicht beim Training des Alleinbleibens in der

Um Angst auslösende Schlüsselreize zu trainieren, verlässt Marion das Haus mal mit, mal ohne Jacke.

Kommt Marion vom Einkaufen zurück, achtet sie darauf, Reina nicht sofort zu begrüßen.

Erst nachdem sie ihre Einkäufe abgestellt hat, geht sie zu ihr und begrüßt sie mit einer ausgiebigen Streicheleinheit.

Wohnung verwendet werden, denn es bedeutet, dass der Hund in seiner jetzigen Position verharren soll. Verlässt man aber die Wohnung, hat man keinen Einfluss mehr darauf, wie bzw. ob sich der Hund bewegt. Er wird das erhaltene Signal von sich aus auflösen und diese Erfahrung auch auf andere Situationen übertragen. Als Übung, um Distanzen zwischen dem Menschen und seinem Hund aufzubauen, kann „Bleib“ durchaus eine Hilfe sein. Als Signal für das Alleinbleiben ist es jedoch ungeeignet.

Beschäftigung auch allein

Man kann auch ausprobieren, ob der Hund besser allein bleiben kann, wenn er in dieser Zeit beschäftigt ist. Es gibt inzwischen verschiedene, mit Futter befüllbare Gegenstände, die ihre Leckereien nur dann freigeben, wenn der Hund den Würfel oder Ball mit der Nase anstupst oder mit der Pfote anschiebt. Doch Vorsicht: Manche Hunde entwickeln Frust, wenn irgendwann kein Futter mehr herausrollt oder es ihnen nicht schnell genug geht. Kaustangen oder Knochen sollte man dem Hund dagegen niemals geben, wenn er allein ist. Ein Schweine- oder Rinderohr kann sich, wenn es weich gekaut ist, über die Luftröhre des Hundes legen, sodass dieser keine Luft mehr bekommt, Panik erleidet und letztlich sogar auch sterben kann. Knochensplitter können im Hals stecken bleiben, Markknochen sich über den Kiefer des Hundes legen. Bekommt der Hund solche Leckereien, darf dies daher immer nur unter Aufsicht erfolgen, damit der Mensch schnell eingreifen kann.

Mit Geduld zum Erfolg

Es dauerte ungefähr sechs Monate, bis Reina entspannt zwei Stunden allein bleiben konnte. Dabei waren die Trainingsschritte unterschiedlich groß. Es schien eine Ewigkeit zu dauern, bis Marion die Zimmertür fünf Sekunden schließen konnte, ohne dass Reina an der Tür kratzte. War die Fünfsekundenhürde aber genommen, waren auch Minuten kein Problem. Jeder Hund beschreibt eine unterschiedliche Lernkurve. Eines ist aber bei allen Hunden mit Trennungsangst gleich: Das Training wird viel Zeit in Anspruch nehmen und immer über einen längeren Zeitraum andauern.

Service

Nützliche Adressen

Martin Rütter DOGS
Die Hundeschulen für Menschen
www.martinruetter.com/hundeschulen

Hundeverbände

Verband für das Deutsche Hundewesen (VDH)
Westfalendamm 174
44141 Dortmund
Telefon: +49 (0) 231 565 00-0
E-Mail: info@vdh.de
Internet: www.vdh.de

Österreichischer Kynologenverband (ÖKV)
Siegried Markus Straße 7
2362 Biedermannsdorf
Telefon: +43 (0) 2236 710 667
E-Mail: office@oekv.at
Internet: www.oekv.at

Schweizerische Kynologische Gesellschaft (SKG)
Sagmattstraße 2
4710 Balsthal
Telefon: +41 (0) 31 306 62 62
E-Mail: info@skg.ch
Internet: www.skg.ch

Bei der Ansprache im Text sind alle drei Geschlechter gemeint. Wir nutzen jedoch die männliche Form. Dadurch wird das Buch leichter lesbar. Dafür bitten wir um Verständnis.

Martin Rütter im Kosmos-Verlag

Hundetraining – Aufbau einer guten Beziehung und alle wichtigen Signale Schritt für Schritt erklärt.

Welpentraining – Auswahl, Tipps und Übungen für die ersten Monate mit dem Welpen/Junghund.

DOGS Hundeführerschein – Vorbereitung auf die theoretische und praktische Prüfung in den DOGS Hundeschulen.

Sprachkurs Hund – Körpersprache, Mimik und Lautsprache von Hunden verstehen lernen.

Problem gelöst! – Ob Ziehen an der Leine oder Anspringen, hier findet man Wege aus dem Dilemma.

Hunde beschäftigen – Für jeden Hundetyp die passende Beschäftigung. Beute-, Schnüffel-, Bewegungs- und Denkspiele.

Hund und Kind – Der Beratungscoach für Familien, damit das Zusammenleben problemlos klappt.

Hundesenioren – Hier findet man viele Tipps, das Leben alter Hunde mit Freude zu gestalten.

Haltung mehrerer Hunde – Richtige Auswahl und Regeln im Zusammenleben.

Jagdverhalten bei Hunden – Aufbau eines zuverlässigen Rückrufs und alternative Beschäftigung.

Quellen

Aldington, Eric H. W. (2003): **Von der Seele des Hundes.** Verlag Gollwitzer, Weiden

Brunner, Ferdinand (1988): **Der unverstandene Hund.** Neumann-Neudamm (JNN-Kynologie), Melsungen

Dodman N., Shuster L. (1994): **Pharmacologic approaches to managing behavior problems in small animals**

Feddersen-Petersen, Dorit Urd (2004): **Hundepsychologie – Sozialverhalten und Wesen, Emotionen und Individualität.** KOSMOS, Stuttgart

Heidenberger, Eva (2000): **Ratgeber Hundepsychologie.** Augustus Verlag, München

Hobmair, Herrman (Hrsg.) (1997): **Psychologie.** Stam Verlag, Köln

Nathan, Ruth (2000): **Psychosomatische Störungen als Ergebnis von Traumadynamik und traumatischem Prozeß.** Eine empirische Untersuchung. Philosophische Fakultät Köln, Köln

Schöning, Barbara Dr. med. vet. (2001): **Hundeverhalten.** KOSMOS, Stuttgart

Specht, Bettina (2015): Angsthunde: **Definition, Diagnostik, Management, Trainingsansätze.** animal learn Verlag, Bernau

Tembrock, Günter (2000): **Angst. Naturgeschichte eines psychobiologischen Phänomens.** Wissenschaftliche Buchgesellschaft, Darmstadt

Die Autoren

Martin Rütter gründete 1995 sein „Zentrum für Menschen mit Hund", in dem er nach neuesten wissenschaftlichen Kenntnissen aus der Verhaltensforschung seine Trainingsphilosophie DOGS aufbaute und diese bis heute weiterentwickelt. Mittlerweile gibt es in vielen Ländern Europas Hundeschulen, die nach DOGS arbeiten und in denen vor allem der Mensch im Vordergrund steht und mit seinen Problemen ernst genommen wird.
Doch auch das Entertainment hat es Martin Rütter angetan, und es ist ein Erlebnis, ihn live auf seinen Tourneen zu erleben. Zudem setzt er sich in den Medien für eine bessere Mensch-Hund-Beziehung ein. In seinen TV-Sendungen „Der Hundeprofi" und „Der VIP-Hundeprofi" hilft Deutschlands beliebtester Hundeexperte auch in schwierigen Fällen. Auf RTL berät er in „Die Welpen kommen" Neuhundehalter von Anfang an.

Andrea Buisman lebt in Zülpich bei Köln mit ihren Labrador Retrievern, mit denen sie aktiv die verschiedensten Beschäftigungsformen für Mensch und Hund ausübt. Hierzu zählen z. B. Agility, Apportiertraining, Jagdliches Training und Zughundesport. Sie ist seit 2003 im Team von Martin Rütter. Abgesehen von ihren Spezialgebieten „Mehrhundehaltung" und „Jagdverhalten" ist sie gefragte Referentin für Trainerfortbildungen zu Themen wie „Welpen" oder „Aggression bei Hunden". Sie bildet angehende DOGS Coachs aus und ist für die fachliche Betreuung des Netzwerkes der DOGS Hundeschulen zuständig. Auch das neue Angebot, den DOGS Hundeführerschein, hat sie mit entwickelt und leitet hier die Fortbildungen in den DOGS Hundeschulen.
Andrea Buisman züchtet zudem Labrador Retriever im Deutschen Retriever Club unter dem Zwingernamen „Speed'n Style".

Register

Bildnachweis

178 Farbfotos wurden von Klaus Grittner für dieses Buch aufgenommen.

Impressum

Umschlaggestaltung von GRAMISCI Editorialdesign, München unter Verwendung von zwei Farbfotos von Jelena Filipinski-Schult.

Mit 182 Farbfotos.

Alle Angaben in diesem Buch erfolgen nach bestem Wissen und Gewissen. Sorgfalt bei der Umsetzung ist indes dennoch geboten. Der Verlag und die Autoren übernehmen keinerlei Haftung für Personen-, Sach- oder Vermögensschäden, die aus der Anwendung der vorgestellten Materialien, Methoden oder Informationen entstehen könnten.

Gedruckt auf chlorfrei gebleichtem Papier

2. überarbeitete und aktualisierte Auflage.

ISBN 978-3-440-17455-5
Redaktion: Hilke Heinemann
Gestaltungskonzept: GRAMISCI Editorialdesign, München
Gestaltung und Satz: Atelier Krohmer, Dettingen/Erms
Produktion: Carolin Wacker
Druck und Bindung: FIRMENGRUPPE APPL, aprinta druck, Wemding
Printed in Germany / Imprimé en Allemagne

FSC
www.fsc.org
MIX
Papier | Fördert gute Waldnutzung
FSC® C004592

MARTIN
RÜTTER
LIVE
DER
WILL NUR
SPIELEN!